기적의
엄마표 영어

아이와 함께 차근차근 성장하는

기적의
엄마표 영어

이지영(빨강머리앤) 지음

21세기북스

차례

프롤로그 오래전 어느 날의 나를 닮은 당신에게   10

Part 1 이 책을 읽기 전에 꼭 알아야 할 것들

• 사용 가이드   17
• 빨강머리앤이 말하는 '엄마표 영어'   21
• 엄마표 영어에 대한 오해들   25

Part 2 엄마표 영어의 큰 그림, 로드맵

• 어떤 사람으로 키우고 싶은가   35
• 타임라인 만들기   38

- 계획표로 꾸준함 기르기   40
- 66일 실천으로 습관 만들기   46
- 도서 구매록 작성하기   48
- 연대할 곳 찾기   51
- 엄마도 함께 성장하는 엄마표 영어   56

Part 3 연령별 엄마표 영어 진행법

01. 1~4세 세상이 정말 신기해요

- 1~4세 연령별 특징과 엄마표 영어   61
- 엄마표 영어 읽어주기   65

  그림책 읽어주기 | 어떻게 읽어줄까 | 추천 그림책

- 엄마표 영어 듣기   76

  무엇을 보여주고 들려줄까 | 언제 들려줄까 | 어떻게 들려줄까

- 엄마표 영어 말하기   82

  생활 영어 사용하기 | 영어 옹알이

- 엄마표 영어 쓰기   86

  엄마가 대신 그려주기 | 자유롭게 낙서하기

• 엄마도 성장하기　　　　　　　　　　　　　89

엄마도 성장하는 엄마표 영어 | 공동 육아와 품앗이 육아 | 생활 영어 익히기 | 파닉스 배우기 | 팝송 외우기

02. 4~7세 노는 게 제일 좋아요

• 4~7세 연령별 특징과 엄마표 영어　　　　　99
• 엄마표 영어 읽어주기　　　　　　　　　　103

리더스 읽어주기 | 추천 리더스 | 그림책 읽어주기 | 그림책 고르기 | 추천 그림책

• 엄마표 영어 함께 읽기　　　　　　　　　　121

건너뛰며 읽기 | 끊어 읽기 | 단어 넘겨주기 | 한 페이지씩 번갈아 읽기 | 모르는 단어만 엄마가 알려주기 | 재미있는 방법으로 읽기 | 독후 활동 선택하기

• 엄마표 영어 스스로 읽기　　　　　　　　　130

사이트 워드 읽기 | 파닉스 익히기 | 외워서 읽기 | 그림으로 힌트 얻기 | 몇 권 읽었는지 표시하기

• 엄마표 영어 듣기　　　　　　　　　　　　138

왜 들어야 할까 | 무엇을 보여주고 들려줄까 | 추천 DVD | 어떻게 들려줄까 | 얼마나 들려줄까

• 엄마표 영어 말하기　　　　　　　　　　　150

노래하기 | 생활 영어 하기 | 그림 보면서 문장 말하기 | 섞어 말하기

• 엄마표 영어 쓰기　　　　　　　　　　　　154

알파벳 쓰기 | 한 줄 쓰기 | 빈칸 채우기

• 엄마도 성장하기   160

    원서 읽기 | 추천 원서 | 영상 보기

03. 7~10세 궁금한 게 너무 많아요

• 7~10세 연령별 특징과 엄마표 영어   171

• 엄마표 영어 읽어주기   173

    챕터북 읽어주기

• 엄마표 영어 스스로 읽기   177

    유창해지기 | 동기 부여하기 | 얼마나 읽을까 | 무엇을 읽을까 | 추천 리더스 | 추천 초기 챕터북 | 추천 AR 2점대 챕터북 | 추천 AR 3점대 챕터북 | 추천 그림책

• 엄마표 영어 듣기   206

    온라인 동화 | 애니메이션 | 추천 단편 영상 | 추천 장편 영상 | 집중 듣기 | 흘려듣기

• 엄마표 영어 말하기   221

    소리 내어 읽기 | 요약해서 말하기 | 기억해서 말하기 | Show and Tell | 원어민과 대화하기

• 엄마표 영어 쓰기   230

    베껴 쓰기 | 순서대로 쓰기 | 요약해서 쓰기 | 생각 확장하기 | 일기 쓰기 | 편지 쓰기

• 엄마도 성장하기   240

    원어민과 회화하기 | BBC, CNN 10 활용하기 | 문법 익히기

04. 10~13세 더 이상 어린아이가 아니에요

- 10~13세 연령별 특징과 엄마표 영어　　　　　　247
- 엄마표 영어 읽기　　　　　　250

책 고르기 | 챕터북 및 청소년 소설 읽기 | 추천 뉴베리 수상작 | 추천 청소년 소설 | 이해 여부 확인하기 | 잡지, 영자 신문 읽기 | 독서로 어휘 늘리기

- 엄마표 영어 듣기　　　　　　276

영화 보기 | 추천 영화 | 추천 드라마 | 유튜브 활용하기 | 집중 듣기 | 오디오북 소리만 듣기

- 엄마표 영어 말하기　　　　　　287

동시에 읽기 | 리포터나 앵커 되어보기 | 교재 활용 대화하기 | 원어민과 대화하기 | 대회 참가하기

- 엄마표 영어 쓰기　　　　　　297

독서 감상문 쓰기 | 이야기 만들기 | 단어 활용해서 쓰기 | 자유롭게 쓰기

- 교재 활용하기　　　　　　304

문법 공부하기 | 독해하기

- 엄마도 성장하기　　　　　　310

TED 청취하기 | 프리 토킹 모임 참석하기

Plus 엄마표 영어 궁금해요

01 엄마표 영어   316

02 읽기   328

03 듣기, 말하기, 쓰기   337

오래전 어느 날의
나를 닮은 당신에게

좋은 대학 나오지 못했습니다.

영어 점수 높지 않았습니다.

그 흔한 토익이나 토플 등

영어 인증 시험 점수도 하나 없습니다.

언어와도, 영어와도 관련 없는 일을 하다가

엄마가 되었습니다.

엄마가 되고 나니 영어가 필요했어요.

그냥 했습니다.

그냥 읽어주었고, 그냥 들려주었고, 그냥 놀았습니다.

그러면서 '아, 잘못하고 있구나!' 하기도 했고,

'엉뚱하게 설명했구나!' 하기도 했고,

"엄마도 모르는데…"라는 말은 정말 많이 했습니다.

책과 DVD도 잘못 골랐고,

문법도 몰랐고,

영어로 말은 더더욱 못했습니다.

아이들 역시 그냥 받아들이더군요.

그냥 어렵다고도 했고, 그냥 재미있다고도 했고,

그냥 하기 싫다고도 했다가, 그냥 웃기도 하면서…

특별한 교육이 아니었습니다.

생활이었고 육아였습니다.

영어가 우리를 잡아먹지는 않더군요.

나를 겁먹게 했던 학창 시절의 영어는

아이와 함께하면서 추억이 되었습니다.

생각보다 재미있었고 의외로 할 만했습니다.

어느 순간 '엄마표 영어'를 전하고 있는 나 자신을 발견하게 되

었지요.

엄마표 영어를 해온 사람들을 많이 보았어요.

모두 책 한 권씩은 쓸 만한 각자의 이야기를 가지고 있지요.

다만 저에게 약간의 글솜씨가 있고,

약간의 시간이 있어서

전작 『야무지고 따뜻한 영어교육법』이 나온 것뿐입니다.

이후 곳곳으로 강연을 다니면서 알게 되었어요.

엄마들은 여전히 방법과 실천에 목말라하고 있다는 사실을요.

이제는 잡아주지 말자,

물고기를 잡는 법을 알려주자, 생각이 들었습니다.

이 책은 비법 노트가 아닙니다.

이렇게만 하면 된다,

믿고 따라오라,

아무나 할 수 있다, 말하지 않습니다.

실천은 당사자의 몫이니까요.

저의 노하우에 여러분의 노하우를 반드시 더해야 합니다.

엄마들의 성장과 실천을 보고 싶어요.

그물을 던지든, 낚싯대를 드리우든, 죽창을 꽂든

직접 물고기를 잡아야 합니다.

이번에도 엄마표 영어책은 마지막이다, 라는 생각으로

글을 쓰게 되었네요.

다음에 나오는 책은 저의 책이 아닌

여러분의 책이길
목을 빼고 기다리겠습니다.

2019년
어느 먼 훗날 당신을 닮은
빨강머리앤 이지영

이 책을 읽기 전에
꼭 알아야 할 것들

—

가는 방향을 알아야
헤매지 않습니다.
자, 따라오세요.

사용 가이드

Part 1 이 책을 읽기 전에 꼭 알아야 할 것들

이 책이 어떻게 진행되는지, 엄마표 영어가 무엇인지 설명합니다. 엄마표 영어 초보자도, 경험자도 쉽게 접근하도록 구성했습니다.

Part 2 엄마표 영어의 큰 그림, 로드맵

이 책은 이론만 알려주는 책이 아니라 활용하는 책입니다. 멀리 보고 한 걸음씩 가기 위해 큰 그림을 그리고, 각자의 계획과 생각을 적고, 구체적인 실천을 기록하는 책이 될 것입니다. 엄마와 아이의 흔적을 차곡차곡 별책 실천 노트에 채워보세요.

Part 3 연령별 엄마표 영어 진행법

아이의 발달 단계에 맞춘 영어 교육 방법을 제시하고 있습니다. 연령에 따라 발달하는 뇌의 영역이 다르고 시기마다 이루어야 하는 발달 과업이 있어요. 아이를 모른 채로 영어만을 가르칠 수는 없습니다. 연령에 따른 정상적인 인지 능력을 가진 아이임에도 불구하고 엄마가 발달 단계를 몰라 무리하게 진행하거나 잘 따라오지 못한다고 속상해하기도 합니다. 발달 단계에 대한 이해와 더불어 영어 교육이 이루어져야 해요. 그래야 아이와 엄마 모두가 행복합니다.

스위스의 심리학자 장 피아제Jean Piaget의 인지 발달 단계와 의학적인 뇌 발달 단계를 고려해 통상적으로 구분하기 편하도록 영유아기(1~4세), 유치원기(4~7세), 초등 저학년기(7~10세), 초등 고학년기(10~13세)로 나누어 영어 교육법을 제시했습니다. 아무래도 현재 아이의 연령대 부분을 더욱 집중해서 읽게 되겠지만 전체적인 흐름 속에서 현재를 파악하는 일도 충분히 의미가 있습니다. 엄마표 영어를 진행하면서 만나게 되는 낯선 용어들은 그때그때 설명하도록 하겠습니다.

발달에 따른 아이의 특성

연령	인지 발달 특성	뇌 발달 특성
0 1 2	**감각운동기** • 자극에 의한 반사로 환경을 이해한다. • 감각과 운동을 사용해 외부 환경과 상호 작용한다. • 대상 영속성을 보유하게 되어 대상이 보이지 않아도 존재한다는 사실을 안다.	• 감정의 뇌가 발달한다. • 애착 형성이 중요하다. • 오감의 고른 자극이 필요하다. • 충분한 수면이 필요하다.
3 4 5 6	**전조작기** • 언어 발달이 일어나지만 지극히 주관적이다. • 상징적 사고: 소꿉놀이 같은 가상 놀이를 한다. • 자기중심적 사고: 배려하지 못하며 자신과 타인이 동일하다고 생각한다. • 직관적 사고: 지각적인 특성에만 의존해서 대상을 이해한다. • 물활론적 사고: 모든 사물에 생명이 있다고 여긴다. • 인공론적 사고: 모든 것이 나를 위해 만들어졌다고 생각한다.	• 전두엽이 가장 빠르게 발달한다. • 지식보다 인성 교육이 중요하다. • 감정 조절 교육이 필요하다. • 다양한 경험을 하는 것이 좋다.
7 8 9 10 11	**구체적 조작기** • 직접 사물을 사용하지 잃고 단순한 것들은 생각을 통해 논리적 조작이 가능하다. • 보존 개념이 생겨 모양이 달라져도 그 양이나 수가 보존된다는 사실을 안다.	• 측두엽 발달로 언어 학습에 적합하다. • 두정엽 발달로 수학 교육에 적합하다.
12 12세 이후	**형식적 조작기** • 추상적 사고가 가능하다.	• 추상적 인지 능력이 생긴다.

Plus 엄마표 영어 궁금해요

엄마들과 소통하면서 자주 받았지만 본문에 싣지 못한 질문들을 따로 모아보았어요. 그래도 해결되지 않는다면 주저하지 말고 제 블로그나 인스타그램으로 문의해주세요.

블로그

blog.naver.com/snuhsicu2

인스타그램

instagram.com/snuhsicu_

빨강머리앤이 말하는 '엄마표 영어'

"엄마표 영어를 해볼까?", "성공할 수 있을까?", "난 엄마표는 정말 자신 없어" 등의 말을 할 때 우리는 과연 같은 '엄마표 영어'를 말하고 있는 걸까 의구심이 들 때가 있어요. 그 혼란은 '영어를 잘한다'의 정의가 각자 달라서, 또는 '엄마표 영어'에 대한 오해 때문에 생기더군요.

'영어를 잘한다'는 무엇을 의미하는 걸까요?

유아나 초등 저학년 학부모에게 이 질문을 던지면 "영어를 편안하게 받아들이는 것", "해외여행을 자유로이 다니게 되는 것", "영어 원서를 읽고 영화를 자막 없이 보는 것"이라고 말합니다. 이상적인 영어지요. 그러나 초등 고학년 학부모에게 동일한 질문을 하면 "높은 점수를 받는 것", "영어 1등급", "취업에 유리한 영어를 하는 것" 등이라고 말해요. 보다 현실적인 영어지요. 영어를 잘하는 아이로 키우고 싶다는 공통의 바람 속에서 서로 다른 목표를 두고 있기에 대화가 겉도는 겁니다. 자유로운 영어가 목표라면서 문제집만 기웃거리고, 고득점이 목표라면서 화상영어를 알아보기 때문에 혼돈이 오는 거지요. 물론 진행하다 보면 최종 목적지에서 만나기도 합니다. 그러나 만나지 않기도 해요. 그래서 어느 쪽에 무게를 둘 것인가, 언제 어떻게 합칠 것인가를 고민하고 시작하는 로드맵을 그려야 해요. 둘 다 얻을 수있는 로드맵을 말이지요.

엄마표 영어의 1차 목적은 자유로운 영어, 편안한 영어, 의사소통 중심의 영어입니다. 말하자면 써먹을 수 있는 영어를 하자는 거지요. 그러나 높은 점수를 받고 취업에 유리한 영어가 엄마표를 한 아이들에게 불리한 것은 결코 아니에요. '자기 주도'라는 징검다리가 들어간다면 말이지요. 자연스럽게 영어를 습득하다가 자신만의 동기가 생기고 목표를 가지면 학습용 영어에 필요한 폭발적인 에너지가 나옵니다. 그러면 자유로운 영어와 학습용 영어를 모두 쟁취하게 되는 거지요.

그렇다면 엄마가 해야 할 일은 무엇일까요?

공부 영어가 아닌 진짜 영어로 시작할 수 있게 해주어야지요. 생활 속에서 영어를 만나 자연스럽게 습득하도록 도와줄 뿐만 아니라 아이가 스스로의 목표를 가지고 자기 자신을 세울 수 있게 정신적인 지지를 해주고 대화의 상대가 되어주어야 합니다. 반드시 필요하지만 사교육으로는 절대 채울 수 없는 지지와 대화, 그것은 엄마와 아빠의 몫입니다.

엄마표 영어는 독서가 뿌리예요. 그림으로 유추하고 글로 상상하고 수많은 간접 경험을 통해 점차 단단해집니다. 한두 살 터울의 형제자매마저 각기 다른 제도로 입시를 치를 만큼 교육 정책은 어디로 튈지 몰라요. 그러나 입시 정책이 어떻게 바뀌더라도 독서라는 뿌리가 단단하게 박혀 있으면 당황하지 않고 대치할 수 있습니다. 언어의 결정체, 언어의 보물 창고는 결국 책이기에 뿌리가 독서라면 언어를 어떤 형태로 테스트하더라도 기본이 된다는 뜻입니다.

그러므로 엄마표 영어란 엄마가 아이를 키우는 과정 중에 영어라는 하나의 언어를 익히게 해주는 것이라고 말할 수 있습니다. 책과 영상을 통해 다양한 표현을 알려주고 자연스럽게 말하기와 쓰기까지 끌어내는 것이지요. 동시에 아이가 스스로의 힘으로 영어 학습을 하도록, 영어에 대한 자신만의 목표를 찾도록 도와주는 일입니다. 따라서 학습이 아닌 습득이며, 엄마 주도가 아닌 아이 중심의 영어 교육이에요. 엄마가 가르치는 것이 아니라 아이가 배우는 과정인 것입니다. 그럼에도 불구하고 엄마표 영어를 망설이게 하는 몇몇 오해들이 있어요. 이러한 오해부터 바로잡고 엄마표 영어의 방법에 대해 본격적으로 이야기해야 할 것 같네요.

엄마표 영어에 대한 오해들

엄마표 영어는 하향세다?

거창하게 엄마표 영어의 역사라고까지 명명하긴 그래도 대략 20년 정도 되었으니 그동안 수많은 아이들이 엄마표 영어를 거쳐 갔을 겁니다. 처음 시작했던 아이들은 지금 성인이 되어 있겠지요. 그 아이들이 모두 어디서 어떻게 살고 있는지 일일이 추적해볼 수는 없어요. 그러나 지금까지 엄마표 영어가 쭉 이어지고 있다는 건 그 아이들이 잘 자라주었기 때문이 아닐까 생각합니다. 동네 학원도, 유명한 프랜차이즈 학원도 유행처럼 생겼다가 소리 소문 없이 자취를 감추곤 하는 마당에 효과가 없었다면 엄마표 영어는 벌써 사라지지 않았을까요? 실제로 출판사마다 엄마표 영어에 관한 원고 투고가 끊이지 않는다고 합니다. 꾸준히 출간되고 있기도 하고요. 엄마표 영어 관련 유튜브나 블로그, 카페 등도 계속해서 늘어나고 있지요. 엄마와 아이가 있는 한 엄마표 영어는 끝나지 않을 것으로 보입니다.

엄마표 영어는 극성이어야 한다?

손재주가 좋은 분이 있어요. 직접 천을 떠다가 재봉틀로 가방도 만들고, 옷도 만들고, 가끔씩 아이 드레스나 한복도 만들어 입히시더라고요. "이거 이번에 아이한테 만들어준 거예요!" 사진을 보여주면서 자랑을 합니다. "어머, 세상에! 이걸 직접 만들었다고요? 딸이 너무 좋아했겠어요. 세상에 하나밖에 없는 맞춤옷이잖아요"라고 말해주었지요. 여기서 자랑은 완벽한 옷이 아닌 '엄마의 사랑과 정성으로 만든 하나밖에 없는 옷'이라는 데 있습니다. 어떤 사람은 "저도 집에 재봉틀이 있는데 놀리지만 말고 한번 만들어봐야겠네요. 본은 어디서 떴어요?"라며 적극적으로 물어보고, 또 다른 어떤 사람은 "저는 못하겠지만 그 집 아이가 참 부럽네요. 옷 대신 오늘 저녁에 맛있는 거나 만들어줘야겠어요"라고 합니다. "엄마가 아이 옷까지 만들어줘야 해요? 파는 옷이 더 좋은데… 하여튼 극성이네요"라고 말하는 사람은 별로 없겠지요?

엄마표 영어도 다르지 않아요. 전문가도 아니고 영어도 못하지만 엄마는 사랑을 줄 수 있어서 행복하고, 아이도 세상에 단 하나뿐인 영어 환경을 만날 수 있어서 행복한 것이지요. 엄마가 극성스러워서가 아니라 부족하나마 하고 싶어서 하는 것이랍니다. 엄마표 영어, 안 해도 괜찮습니다. 누구나 재봉틀로 아이 옷을 만들어줄 수 없는 것처럼요. 그러나 아이 옷 만들기가 멋지고 행복한 일이라고 여겨진다면 엄마표 영어도 그렇게 보아주었으면 합니다.

엄마표 영어는 혼자 하는 외로운 싸움이다?

'이 길로 가고 싶다'라고 생각하다가도 '나만 이상한가?'라는 생각에 망설여집니다. 그러나 만나기가 어려울 뿐, 같은 고민을 하고 같은 길을 가고자 하는 이들은 참 많답니다. 신기하게도 엄마표는 경쟁자가 많을수록 서로서로 발전을 합니다. 유명한 학원에 우수한 학생이 많이 몰리면 불안하잖아요. 그런데 엄마표는 그렇지 않지요. 같이하는 사람들과 연대하고 공유할 때 모두가 이기는 Win-Win 게임이 됩니다.

엄마표 영어 관련 책도 읽고 강연도 듣고 사이트도 가입하면서 동지들을 만나면 막연하게 올라오는 두려움을 떨구어낼 수 있습니다. 다수와 다른 길을 간다는 것은 모험과 같지만 미지의 세상을 향한 끝없는 도전은 그렇기에 흥미롭고 가치가 있는 것인지도 모릅니다. 모두가 가는 길은 기억에 남지도 않고 기록으로 남길 이유도 없어요. 내 아이만을 위한 맞춤식 모험이야말로 가치 있고 의미가 있는 게 아닐까요? 그러니 우선 엄마 스스로에 대한 의심부터 거두어내면 좋겠습니다. '할 수 없을 것 같다'라는 생각은 결국 할 수 없게 만들 뿐이에요. 그저 '하고 싶다'라고 생각하면 됩니다.

엄마표 영어는 사교육을 못 이긴다?

엄마표 영어를 한다고 해서 사교육을 배척할 필요는 없어요. 오히려 어떤 사교육이 있는지, 장단점이 무엇인지 잘 알고 있는 편이 좋습니다. 필요에 따라서 적절하게 활용해야 하니까요. 할 때는 신중히 선택하고 그만둘 때는 과감히 끊을 수 있는 용단만 장착하세요.

사교육은 그 자체가 '악'이라기보다는 끊어낼 수 없을 때 악이 됩니다. 필요에 의해 선택하고 버릴 수 있어야 하는데, 끊으면 큰일 날 것 같다는 생각이 들거나 불안하다면 다른 중독과 다를 바가 없지요. 전체를 다 봐주는 사교육, 구멍 없이 관리해주는 사교육, 점수도 올려주면서 아이 마음까지 편안하게 해주는 사교육은 존재하기 어려워요. 억지로 공부를 시키고 성적을 반짝 올리는 일은 가능할지 몰라도 동기를 부여하고, 멀리 보고 기초를 다지는 일은 한계가 있어요. 한두 달 안에 성과가 나타나지 않으면 그 사교육은 살아남기 어려우니까요.

엄마표 영어는 단기간에 성과를 보려고 하는 게 아니에요. 배움의 즐거움을 맛보게 하고, 선택과 책임감을 알려주고, 부모와 대화하며 내실을 다지게 해주는 겁니다. 기초가 탄탄하며 내적 동기를 가지고 시간의 주체가 된 아이는 언젠가는 멋지게 비상합니다. 모든 아이가 엄마표로 성공한다고 말할 수는 없지만 모든 아이가 사교육으로 성공한다고도 말할 수 없습니다. 또한 엄마표는 사교육을 이용할 수 있지만 사교육은 엄마표를 이용할 수 없다는 점만큼은 알았으면 합니다.

엄마표 영어는 시간이 많이 든다?

"저는 워킹맘이라 엄마표가 어려워요"라는 말을 많이 합니다. 엄마표로 하려면 엄마의 절대적인 시간이 많이 들어간다고 생각하기 때문이에요. 그러나 정말 중요한 것은 시간의 양이 아닌 질입니다. 하루 30분이라도 온전히 아이에게 할애한다면 엄마표 영어가 불가능하지는 않아요. 핵심은 습관 잡기에 있거든요. 예를 들어 처음 30분은 아이와 함께 앉아서 DVD를 보는 거지요. 같이 웃고, 대화하고, 시간 맞추어 보는 일을 열심히 합니다. 그렇게 한동안 해서 습관이 잡히면 DVD 보기에 엄마의 손이 많이 가지 않게 되지요. 그러면 이제 30분을 책 읽어주기에 공을 들여요. 날마다 정해진 시간에 엄마가 아이 옆에 앉아 책도 고르고, 그림도 보고, 이야기도 나누며 책을 보지요. 그러다 아이가 책을 혼자 읽게 되면 읽어주는 시간을 조금씩 줄여나갑니다. 아이가 DVD도 <u>스스로</u> 보고, 책도 혼자 읽으면 이제 엄마의 30분은 쓰기나 말하기를 도와주는 데 사용하면 되지요. 앞선 과업들이 차곡차곡 습관이 되도록 하는 게 중요합니다. 온종일 쫓아다니며 아이 껌딱지 엄마가 되는 건 제대로 된 엄마표가 아니랍니다.

엄마표 영어는 엄마의 영어 실력이 좋아야 한다?

엄마의 뛰어난 영어 실력이 엄마표 영어에 유리한 면도 분명히 있지만 오히려 불리할 때도 있습니다. 엄마표 영어는 편안한 환경과 즐거움, 엄마와의 따뜻한 관계가 핵심인데 엄마의 뛰어난 영어 실력이 자칫 그러한 환경에 방해가 될 때가 있거든요. 알면 틀린 것을 고쳐주고 싶고, 가르치고 싶은 게 사람 마음이잖아요. 자꾸만 엄마가 선생님이 되려는 욕구를 억누르기가 쉽지 않습니다. 마인드 컨트롤을 잘할 수만 있다면 엄마의 뛰어난 영어 실력은 커다란 이점이 될 것입니다. 그러나 이해해주고, 인정해주고, 응원해주는 건 영어를 잘하지 못하는 엄마라서 더 잘할 수 있는 부분이기도 합니다. 몰라서 고쳐주지 못하는 게 아이러니이기는 하지만 관계 면에서는 득이 될 수도 있습니다. 결국 진짜 잘하는 아이는 엄마의 영어 실력과는 상관없이 엄마로부터 꾸준한 영어 환경을 제공받은 아이랍니다.

엄마표 영어는 일찍 시작할수록 좋다?

일찍 시작해서 좋은 점은 영어에 대한 거부감이 적고 원어민과 같은 발음과 억양을 수월하게 얻게 된다는 것입니다. 우리가 놓쳐서 늘 허전했던 부분이지요. 유아 시절부터 영어를 시작하니 기초가 탄탄한 느낌입니다. 그러나 편하다는 것일 뿐 절대적인 요소가 될 수는 없어요. 유아나 유치원 시기부터 시작하지 않아도 얼마든지 영어를 잘할 수 있습니다. 뇌가 발달할수록 이해하는 속도와 정확도가 높아지니까요. 다만 언어와 청각이 발달하는 6~12세 사이에 충분한 노출이 이루어지는 것이 좋습니다. 더 나아가 시작 시기보다는 12세 이전에 영어가 편안한 언어로 자리 잡는 것이 더 중요한 목표가 되어야 하지 않을까 합니다.

Part 2

엄마표 영어의 큰 그림,
로드맵

—

엄마의 시야가 좁고 흐리면
아이를 넓은 세계로 이끌어주기 어렵습니다.
멀리 보고 크게 생각해
현재에도, 미래에도
행복한 아이로 만들어주세요.

어떤 사람으로
키우고 싶은가

목적지를 모르면 아무리 열심히 달려도 소용이 없습니다. 반대 방향일 수도, 대각선 방향일 수도 있는데 무조건 달리는 게 무슨 의미가 있겠어요. 누구나 아이를 잘 키우고 싶지만 무조건 열심히 키운다고 잘 키우는 것은 아닐 겁니다. 힘만 들고 결과는 왜 이 모양이냐고 억울해하는 일이 생길지도 모르고요. 아이에 대한 목적지, 즉 '어떤 사람으로 키우고 싶은가'는 사실 '어떤 어른으로 살아가게 할까'라는 질문과 맞닿아 있어요. 우리가 평생 아이를 아이인 채로 끼고 살 수는 없으니까요. 아이는 결국 어른이 될 것이고 사회의 구성원이자 나라의 미래가 될 겁니다.

바로 그 미래에 대한 설계가 특정 대학, 특정 직장으로 끝나서는 안 됩니다. 직업은 수없이 바뀔 것이며 대학의 이름이 평생의 안위를 보장해주는 시대는 끝났으니까요. 세상은 빠르게 변하고 있어요. 미래가 요구하는 인재상은 지금까지와는 전혀 다르답니다. 지금 성공한 사람들을 롤 모델로 삼아 그들의 과거를 답습하는 건 시대에 뒤처지는 아이를 만드는 거예요. 내용을 암기해서 답을 맞히고 문제를 빨리 푸는 기술은 아무짝에도 쓸모없는 세상이 되어가고 있지요. 그런 건 기계나 컴퓨터가 다 할 테니까요. 단순히 좋은 대학, 이름 있는 직장을 목표로 설정하는 것은 무척이나 위험한 일입니다. '나'라는 존재 자체가 하나의 브랜드로서 대체 불가능한 존재가 되어야 어디서든 어떤 시대든 살아남을 수 있어요.

내 아이가 어떤 어른이 되기를 원하나요? 이 질문에 특정 직업군이나 사회 계층을 떠올리고 있나요? 직업이 아니라 '사람'에 초점을 맞추어 목표를 정했으면 합니다. 남을 배려하는 사람, 봉사하는 사람, 책을 사랑하는 사람, 함께 일하고 싶은 사람, 매사를 긍정적으로 생각하는 사람, 배움을 두려워하지 않는 사람… 그곳으로 가는 길은 여러 갈래잖아요. 꼭 한길로만 가지 않아도 도달할 수 있는 목표예요. 최종 목표가 너무 가까이 있거나 지나치게 좁으면 아이를 코너로 몰게 되지요. 원하는 고등학교나 대학교에 들어가지 못했다고 실패자라며 무기력에 빠지거나 극단적인 선택을 하는 경우가 종종 있어요. 그동안 그것이 세상의 전부라고 여겼다면 그럴 수 있다고 생각해요. 그러므로 최종 목표는 멀리, 최대한 넓게 두었으면 합니다.

엄마표 영어가 보다 중요한 이유는 단순히 영어 자체가 목표가 아니기 때문이에요. 잘 안 되고 힘이 들 때, 좌절해서 화가 날 때 '내가 아이를 어떤 사람으로 키우고 싶었더라?'를 기억해 낼 수 있다면 그 힘듦과 좌절의 순간이 단지 과정이고 큰 문제가 아니라는 사실을 알게 되지요. 결국 엄마표 영어는 내 아이를 위한 맞춤 육아의 한 부분이에요. 아이를 위한 큰 그림 안에서 오늘을 살아가길 바랍니다.

 내 아이가 어떤 사람으로 자랐으면 하나요? (실천 노트 4쪽)

타임라인 만들기

계획을 세웠다고 반드시 지키라는 법은 없어요. 그러나 계획은 내가 어디로 가야 하는지, 어디로 가고 있는지 나침반 역할은 충분히 한다고 봅니다. 그렇지 않으면 "다른 아이들은 어떻게 하고 있다더라", "지금쯤은 무엇을 해야 한다더라", "뭐 때문에 그러고 있냐" 등의 말에 흔들릴 수밖에 없으니까요.

갈 길이 한눈에 보이도록 연령별 타임라인을 만들어보세요. 어느 시기쯤 무엇을 할지 머릿속에 그려보는 겁니다. 물론 지우고 수정하고 다시 고민해 계획하고 실천하기를 반복해야 하지요. 가보지 않은 길이기에 계획은 어디까지나 가늠일 뿐이니까요. 끝까지 작성할 필요도 없어요. 너무 막연하면 가늠조차 불가능하잖아요. 여기서는 500m 앞이 보이지 않지만 300m쯤 가면 그 너머 새로운 길이 보일 겁니다. 구체적인 계획은 그때그때 추가로 작성해도 좋으니 일단은 '어디로 가자', '어떻게 가자' 정도라도 생각하며 2~3년 이후까지 만이라도 작성해봅시다.

 우리 아이 영어 타임라인을 작성해보세요. (실천 노트 6쪽)

계획표로
꾸준함 기르기

　타임라인으로 큰 그림을 그렸다면 이제는 하루하루를 어떻게 보낼지 생각해야 합니다. 아무리 작정을 해도 실천이 어려운 건 '그냥' 하려고 하기 때문이에요. '어떻게든 되겠지', '대충 영어책이나 읽어주면 되는 거 아니야?'라는 생각으로는 지속하기 어려워요. 만약 학교 선생님이 "우리 반은 시간표가 없어. 하지만 선생님 머릿속에 대략적인 계획은 있어. 내가 알아서 그때그때 필요한 수업을 할 테니 그렇게 알고 있어라"라고 한다면 믿고 보내시겠어요? 엄마표 영어의 핵심은 매일의 습관입니다. 생활이 되는 거예요. 그래서 계획표가 필요한 겁니다.

　유아나 유치원생들은 규칙적인 생활보다는 즐거움이 더 중요하므로 계획표가 꼭 필요하지는 않아요. 아이의 꾸준함보다는 엄마의 꾸준함이 더 필요한 시기지요. 날마다 책을 읽어주는 건 엄마니까요. 계획표를 만들 정도까지는 아니라고 해도 정해진 시간에 책 읽어주기는 필요합니다. 그 시간쯤 되면 '이제 엄마가 책을 읽어줄 때가 되었는데……' 생각하도록 말이지요. "오늘은 너무 놀아서 피곤하니까 내일 더 읽어줄게", "엄마가 지금은 졸려서 못 읽어줄 것 같아. 미안해" 등의 핑계를 대면 아이가 그대로 흡수해요. 머지않아 "엄마, 내가 낮에 놀았더니 피곤해요. 너무 졸리니까 내일 더 읽어주세요"라는 말로 되받아칩니다. 적은 권수라도 날마다 꾸준히 정해진 시간에 읽어주면 좋겠어요.

초등학생 때부터는 계획표 만들기가 큰 도움이 됩니다. 일주일치 하루 일과를 보기 좋게 작성해 엄마와 아이가 함께 지켜나가는 거지요. 제가 계획표를 만들었던 이유는 충분한 놀이 시간과 독서 시간을 확보해주기 위해서였어요. 이것저것을 하다 보면 놓치는 것이 생기고, 우선순위가 사라지고, 은근히 생기는 엄마 욕심에 아이에게 힘든 하루를 강요하게 될까 두려운 마음도 있었고요. 일주일 계획표를 만들면 전체가 한눈에 보이지요. 아이를 너무 힘들게 하지는 않는지, 아이가 충분히 놀 수 있는지 확인할 수 있습니다.

초등 1학년 방과 후 시간표 예시

	월	화	수	목	금	토
1	컴퓨터			컴퓨터	창의력 수학	
2	숙제	숙제	숙제	숙제		도서관
3		놀기	독서	리틀팍스	놀기	리틀팍스
4	DVD or 놀기	피아노	DVD or 놀기	놀기 피아노	피아노	
5	독서	독서	미술	독서	독서	
6	피아노 놀기	식사	놀기	식사	DVD or 놀기	
7	식사	수영	식사	수영	식사	
8	학습	학습	학습	학습	학습	
9	영어 독서	영어 독서	영어 독서	영어 독서	영어 독서	

독서 시간이 1시간이라고 해서 1시간 내내 책을 읽은 건 아니었어요. 그 시간 안에 독서를 하라는 뜻이었지요. 상황에 따라 융통성이 있어야 합니다.

"영어책 읽고 곧바로 한글책 읽으면 너무 힘들어요."

"그래? 그럼 영어책 읽고 피아노 학원 다녀온 다음에 밥 먹고 한글책 읽는 걸로 시간표를 바꿔볼까? 어떻게 생각해?"

"저는 밥 먹고 나서 수학 문제집 푸는 게 좋아요. 한글책은 자기 전에 침대에서 읽고 싶어요."

"그렇게 바꿔볼까?"

엄마와 아이가 대화로써 계획표를 만드는 게 중요합니다. 엄마가 만들어준 계획표로는 자기 주도적인 아이가 될 수 없으니까요. 시간 관리 연습은 이런 식으로 많이 해보아야 합니다. 기본 틀이 있는 것과 없는 것은 큰 차이가 있어요. "지금은 뭐 할 시간이야? 다 놀았으면 이제 할 거 하자"라고 말해 아이 스스로 계획표를 실천하도록 도와주세요. 아직은 완전히 자기 주도가 어렵겠지만 이 과정은 분명 자기 주도로 가는 길이랍니다.

실천할 수 있는 계획표를 짜기 위해서는,

첫째, 우선순위를 정해야 합니다. 꼭 해야 하는 일부터 칸에 채워 넣어요. 저희 집은 독서, 놀이, 영어 시간을 먼저 확보한 후 나머지를 정했습니다.

둘째, 큰 카테고리 안에서 세부 조정을 해야 합니다. 영어를 하루에 2시간 정도 하기로 했다면 그 안에서 읽기, 듣기, 쓰기 등의 '비율'을 조정해야 하는 거지요. 예체능도 마찬가지예요. 수영을 시작해야 한다면 기존에 하고 있던 피아노를 줄이거나 끊어서 전체 예체능 시간 안에서 움직일 수 있게 해야 합니다. 안 그러면 계속 추가만 되어 아이의 생활이 힘들어지거든요.

셋째, 몸으로 하는 활동과 머리로 하는 활동을 번갈아 짜는 편이 좋아요. 뇌의 자극 부위가 달라 피로가 덜 쌓이기 때문입니다.

만약 엄마나 아이가 시간마다 할 일이 정해진 계획표에 거부감이 있다면 체크 리스트를 활용하는 방법도 괜찮아요. 해야 할 일들을 기록하고 수행했는지 체크하는 겁니다. 물론 체크 리스트는 시간 사용이 자유롭다는 장점이 있지만 자칫 중요한 일을 미루다가 결국 하지 못한 채 넘어가게 하기도 합니다. 한두 가지를 매번 못하기도 하고요. 이런 경우 역시 대화를 통해 너무 과한 스케줄은 아닌지, 무엇이 중요한지 확인해보아야 합니다.

"오늘도 수학을 못했구나. 할 일이 너무 많았니?"

"그게 아니라… 다른 걸 먼저 하다 보니까요……."

"근데 수학은 몰아서 하면 더 힘들어. 내일 2배로 할 순 없잖아. 그러니까 수학은 빼먹지 않고 하면 좋겠어."

"알았어요. 근데 집중 듣기를 매일 하니까 시간이 없어요."

"그렇구나. 그러면 집중 듣기는 화요일, 목요일에만 하는 건 어때?"

"네! 그러면 둘 다 할 수 있을 것 같아요."

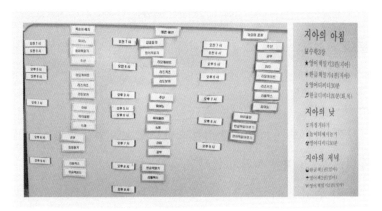

﹕ 예지 가족(왼쪽)과 지아(오른쪽)가 만든 체크 리스트.

시간을 자유롭게 쓰고 싶다면 예지 가족의 체크 리스트처럼 보드판에 시간과 해야 할 일을 붙이는 방법을, 규칙적으로 하고 싶다면 지아의 체크 리스트처럼 시간을 아침, 낮, 저녁으로 나누어 매일 해야 할 일을 실행했는지 날짜별로 체크하는 방법을 사용하면 됩니다.

66일 실천으로
습관 만들기

It takes 66 days for a new habit to bed in.

　자주 듣는 BBC 〈6 Minutes English〉에 나왔던 말입니다. 영국 런던대 심리학과 연구팀의 조사 결과로, 새로운 결심을 하고 그 행위가 bed in, 즉 자리를 잡고 습관이 될 때까지는 적어도 66일이 필요하다는 거지요.

　영어책 읽기나 DVD 보기, 한글책 읽기나 매일 수학 연산하기 등을 시작하고 66일이 되는 날까지는 하루도 빠뜨리지 않고 해보는 거예요. 그러면 아이도, 엄마도 그 행위가 bed in 될 수 있을 겁니다. 물론 엄마 자신의 습관을 잡을 때도 도움이 된답니다. 매일 원서 읽기, 영어책 읽어주기, 때로는 다이어트까지도 66일 전에는 멈추지 않기! 우리 모두 마법의 66일을 잘 버텨내 보아요.

 66일간의 기록을 통해 좋은 습관을 만들어보세요. (실천 노트 8쪽)

도서 구매록
작성하기

엄마표 영어의 장점은 적은 비용이라고 생각해요. 그런데 엄마들을 만나 보니 상당히 많은 돈을 영어에 쓰고 있더라고요. 이유가 궁금했어요. 사실 제가 한창 엄마표 영어를 하던 시기에는 도서관에 영어책이 많지도 않았고, 중고책도 구하기 쉽지 않았고, 유튜브 활용도 지금 같지 않아서 어느 정도의 지출이 불가피했었거든요.

아이가 고등학생이 되고 보니 고등학교를 가기 전까지는 돈을 '모을 때'더군요. 어떤 이는 중고등학교 때 큰 비용을 들이지 않으려면 어릴 때 투자하라고 해요. 얼핏 일리가 있는 말처럼 들리지만 일찍 사교육에 길들여진 아이와 부모는 정작 중고등 시기에 사교육을 그만두기가 어렵습니다. 야금야금 늘어나는 사교육비에 익숙해지기도 했고요. 반면 어릴 때부터 사교육을 받지 않았던 아이는 커서도 꼭 필요한 것만 하려고 합니다. 자기 주도가 자리를 잡았기 때문이에요. 유아나 초등 시기에는 교육비 지출 대신 저축을 권합니다. 진짜 필요한 시기에 해주지 못하면 그것이 부모로서는 더 괴로운 일이거든요. 고등학생이 되어서 덜컥 진로를 바꾸고 딱 한 번만 도와달라고 애원하는 경우도 있더란 말이지요. 유아나 초등 저학년 시기에는 많은 비용이 들어가야 하는 교육이 딱히 없습니다.

책 구입도 마찬가지예요. 도서관이 도처에 널려 있는데도 집집마다 전집은 꼭 갖추어두지요. 남들이 좋다고 하는 책과 교구는 자꾸만 사고 싶습니다. 게다가 요즘은 블로그, 카페, 인스타그램 등 SNS를 통해 광고인지, 홍보인지, 후기인지 구분할 수 없는 정보들이 끊임없이 유혹을 합니다. '공동 구매', '강추'라는 글자만 마주쳐도 '이건 무조건 사야 하는 거야!' 결제를 합니다. "아무리 자식한테 쓰는 돈이지만 정말 해도 너무한다"라는 남편에게 "다 잘 키우자고 하는 일인데 너무한다", "몰라도 너무 모른다"라고 응수하며 다투기도 하고 말이지요. 하지만 도서 구매록을 작성하면 불필요한 마찰을 피하고 현명하게 책을 구입할 수 있습니다. 사실 저는 도서 구매록을 체계적으로 작성하지는 못했어요. 여기저기 쪽지에다, 수첩에다 마구잡이로 쓰는 바람에 꼭 구입하고 싶었던 책 제목을 끝내 못 찾기도 했고, 적절한 시기를 놓치기도 했었답니다. 그래서 날림식 메모가 아닌 꾸준한 기록을 권하고 싶어요. 한 달에 쓸 수 있는 영어 관련 지출이 얼마인지 정하고, 시리즈와 단행본을 적절히 배분해 정해진 금액 내에서 구입하면 좋습니다.

 도서 구매록을 작성해보세요. (실천 노트 16쪽)

연대할 곳 찾기

영어는 언어라서 단기간에 습득하기가 어려워요. 오랜 시간이 걸립니다. 외롭고 먼 길은 포기하기가 쉬워요. 그렇기 때문에 '반드시'라고 할 수는 없어도 '가능한' 함께할 사람들을 만들어야 합니다. 업체가 주도하는 온라인 공간도 있고 개인이 운영하는 블로그나 카페, 유튜브도 있습니다. 다양한 사람들의 다양한 경험담을 들어보세요. 나이와 지역을 초월해 같은 마음으로 아이 키우는 사람을 만나는 것은 행운입니다. 주변을 둘러보면 시기와 질투, 경쟁심 때문에 좋은 건 혼자만 알고 있으려는 사람들이 많거든요. 게다가 교육관이 다른 이들과 대화를 하면 한마디로 진이 빠져요. 옳고 그름을 따지는 것이 아니라 가치관의

차이일 뿐인데 이상하게 서로를 할퀴지요. 생산적이지 못한 소
모전은 피하는 편이 낫습니다.

연대할 곳을 정하기 전에 여러 곳을 둘러보세요. 운영자나 회
원들에 따라 특징이 있거든요. 영유아 엄마가 많은 곳도 있고
초등 엄마가 많은 곳도 있어요. 어떤 곳은 학습적인 느낌이 물
씬 풍기고 어떤 곳은 굉장히 활동적이지요. 운영자의 파워가 막
강한 곳도 있고 회원들의 자발적인 참여가 주를 이루는 곳도 있
고요. 보다 적극적으로 활동하기 위해서는 성향과 필요에 따라
'나와 맞는' 곳으로 가야 해요. 최근에는 블로그, 인스타그램, 유
튜브 등을 통해 개인적으로 엄마표 영어를 알리는 사람도 많아
졌어요. 닮고 싶은 사람을 콕콕 찍어 팔로우하는 것도 도움이
됩니다.

엄마표 영어를 함께할 수 있는 곳

홈페이지

쑥쑥닷컴 suksuk.co.kr

잠수네 커가는 아이들 jamsune.com

카페

키즈북토리 cafe.naver.com/momstree2010

도치엄마들의 생각키우기 cafe.naver.com/dochithink

송이와 할머니 "영어환경 만들기" cafe.naver.com/kss364

애플리스 영어교육카페 cafe.naver.com/eplis

노부영 공식 카페 cafe.naver.com/jybooks2000

블로그

빨강머리앤 blog.naver.com/snuhsicu2

새벽달 blog.naver.com/afantibj

누리보듬 blog.naver.com/firefly2013

꽃님이네 blog.naver.com/mollafasa

바다별 blog.naver.com/seastar95

유튜브

빨강머리앤

바다별에듀TV

Pink Penguiny

Storytime Anytime

Reading Voyage

이런 곳들을 처음 방문하면 그야말로 신세계지요. 눈이 휘둥그레지며 심장이 쿵쾅거리고 신기하기도 합니다. 그러나 그것도 잠깐, 곧 불안이 몰려오지요. '이렇게 많은 엄마들이 이렇게 많은 활동을 할 동안 나는 무엇을 했던가!', '나는 나쁜 엄마야. 아무것도 모르고 있었다니……' 화면을 닫고 싶은 마음과 얼른 뒤쫓아 가야겠다는 마음이 마구 뒤섞입니다. 이때 결론은 아이의 나이와는 상관없이 똑같더라고요. 3살 엄마도, 7살 엄마도, 10살 엄마도 '이미 늦었지만…'이라고 해요. 그러나 어느 시기도 늦지 않았어요. 결정적인 시기가 따로 있는 것은 아닙니다. '이제 시작해볼까?' 하는 결정적인 순간만 있을 뿐입니다.

어느 곳에서 활동을 하든 소극적인 태도로는 크게 얻어갈 수가 없어요. 남들 하는 것을 보면서 혼자 결심하고 혼자 포기하고 혼자 부러워하면서 외롭게 가지 마세요. 성장의 키포인트는 '나눔과 도움'입니다. 나누고 돕는 사람이 가장 크게 발전하는 모습을 여러 해 보아왔어요. 좋은 학원, 족집게 선생님, 고득점을 보장하는 문제집 등을 꽁꽁 숨겨두고 혼자만 보는 사람치고 인성이 훌륭한 사람은 없지요. 혼자만 앞서가는 것처럼 보이지만 혼자만 고립되는 겁니다.

굳이 긴 글을 쓰지 않아도 됩니다. 간단하게라도 참여하고 있다는 걸 보여줌으로써 자기 자신과의 약속을 공표하는 거예요. 그리고 받은 자료나 정보에 대한 짧은 감사 인사는 기본 예의입니다. 매일이 어려우면 한 달에 한 번이라도 진행 사항을 남겨

보세요. 그것이 흔적이 되고 기록이 되고 같은 공간에 있는 사람들에게 힘이 됩니다. 그렇게 서로서로 끌어주는 거지요. 아이 역시 자신의 진행 과정에 다른 사람들이 달아주는 댓글로 신이 납니다. "또 뭐라고 해?"하면서 반응을 궁금해 해요. 때로는 엄마 눈에 부족해 보였던 점이 다른 이들에 의해 장점으로 바뀌기도 하고, 그로 인해 성급했던 마음과 비교하는 버릇에 브레이크가 걸리기도 하지요.

물론 오프라인 모임이 더 좋은 건 두말하면 잔소리입니다. 얼굴을 마주하면서 받는 에너지는 온라인과 비교할 수 없어요. 가능하다면 엄마표 영어 모임 만들기를 권합니다. 직접 만들 용기가 없다면 누군가의 옆구리라도 꾹꾹 찔러서 말이지요. 주변에 엄마표 영어를 잘 진행하고 있는 분이 있다면 그 분에게 도움을 요청하는 것도 좋아요. 안 그래도 외로웠는데 잘되었다고 하면서 흔쾌히 손잡아줄지도 모르니까요.

 별책 Time　엄마표 영어에 도움이 되는 곳을 찾아서 정리해보세요.
(실천 노트 32쪽)

엄마도 함께 성장하는 엄마표 영어

온라인 맘카페라면 어디나 영어 모임을 하자는 글이 있어요. 영어 회화, 기초 영어, 영문법 등의 스터디를 하자는 거지요. 당장 외국에서 살게 되었다거나 영어 시험을 앞두고 있다거나 특정한 이유가 있는 것도 아니에요. 그런데도 영어는 살면서 꼭 해야만 하는 필수 과제라는 생각이 드나봅니다.

아이와 상관없이 엄마도 영어를 잘하고 싶어 합니다. 그래서 엄마표 영어를 하는 김에 엄마도 같이 공부해보는 건 어떨까 싶습니다. 그럴 생각이 없었어도 아마 엄마표 영어를 하다 보면 영어를 잘하게 되겠지만요. 엄마의 영어 실력이 엄마표 영어를 '시작'하는 데 직접적인 영향을 주진 않습니다. 물론 두렵겠지요. 큰맘을 먹고 영어 그림책을 펼쳤다가 심장이 벌렁거리는 경험도 합니다. 단 한 번도 본 적이 없는 단어와 표현들, 그리고 그것이 고작 어린이 책이라는 사실에 더욱 겁먹게 되지요. 그럴 수밖에요. 우리는 어린이 영어를 배운 적이 없거든요. 알파벳을 익힌 후 곧바로 어른 영어로 넘어갔습니다. 어린이 시절에 써야 하는 표현은 들은 적도, 읽은 적도 없어요. 그러니 모르는 것이 당연합니다. 영어 그림책에 나오는 단어가 어렵다고 느끼는 이유는 정말 어려워서가 아니라 낯설기 때문입니다. 하지만 아이 역시 모르는 건 마찬가지잖아요. 겁먹지 말고 '나도 같이 성장하는 기회야!'라고 생각해보세요.

아이를 위한 목표와 계획 말고 혹시 엄마 자신의 목표에 대해 생각해본 적이 있나요? 엄마표 영어는 그간 마음속 깊은 곳에 감추어두었던 영어에 대한 갈증, 애증, 욕망을 마음껏 표출해볼 수 있는 좋은 기회입니다. 이 시기를 놓치면 또 언제 기회가 올지 몰라요. 원서 읽기도 좋고 회화 연습도 좋아요. 생활 영어를 외워서 아이에게 쓰는 방법도 좋습니다. 언젠가는 영어를 잘하고 싶다, 꿈만 꾸지 말고 목표를 잡고 눈에 보이도록 매일매일 기록하는 겁니다.

별책
Time

엄마이기 전에 '나'의 목표와 계획은 무엇인지 기록해보세요.
(실천 노트 34쪽)

Part 3

연령별
엄마표 영어 진행법

—

잔디를 잡아당긴다고
빨리 자라는 것은 아니지요.
뿌리만 뽑힐 뿐입니다.
건강하게 자라도록
발달 단계에 맞추어주세요.

01

1~4세
세상이 정말 신기해요

읽어주기(60)	듣기(30)	말하기(5)	쓰기(5)

자유로운 탐색을 통해 자율성이 생기고 부모의 신체적, 심리적 사랑을 받아 애착 관계를 형성합니다.

1~4세 연령별 특징과 엄마표 영어

다음 중 엄마표 영어 강연에 가장 많이 오는 엄마는 누구일까요?

① 이제 막 옹알이를 시작하고 아장아장 걷는 아기 엄마

② 영어 교육이 막연히 궁금한 유치원, 초등 저학년 엄마

③ 학원 다니는 친구들의 틈바구니에서 소신이 약해진 초등 고학년 엄마

길어야 2시간인 강연에서 누구에게 초점을 맞추어 이야기를 해야 할지 항상 고민이 됩니다. 해줄 말이 많은 대상은 ②, ③번 엄마들이지요. 그런데 의외로 ①번 엄마들이 가장 많아요. 인터

넷상에서 적극적인 태도를 보이는 이들도 역시 ①번 엄마들이지요. 의욕이 넘치고 궁금한 내용도 많고 마치 세상에 다시 눈을 뜬 것처럼 열심이에요. 왜 안 그렇겠어요. 천사 같은 얼굴을 하고선 날마다 기적처럼 눈에 띄는 변화를 보여주는 아이를 두었으니 말이에요. 이 아이가 커서 무엇이 될까? 어떻게 키워야 할까? 하루하루가 힘들어도 기대감으로 벅찬 나날일 테니까요.

'아이 뇌는 스펀지라던데 이중 언어를 시켜볼까?' 하는 유혹도 받습니다. 그러나 부모가 이중 언어 사용자이거나 부모 중 한 명이 완벽한 영어 사용자가 아니라면 한계가 있어요. 유아시기에는 무엇보다 모국어로 엄마와 깊은 교감을 할 수 있어야 합니다. 엄마가 영어를 열심히 연습해서 쓴다고 해도 "아이고, 우리 똥강아지, 응가했어요? 몰랑몰랑 궁뎅이도 이쁘네. 엄마가 얼른 기저귀 갈아주고 뽀송뽀송하게 해줄게. 엄마 보고 웃는 거야? 아이고, 이뻐라!"와 같은 표현이 영어로 줄줄 나오기 어려운 게 현실이지요. 영어에 마음을 실어 표현하기가 쉽지 않습니다. 이중 언어보다는 애착 형성이 훨씬 더 중요한 시기니 모국어로 마음껏, 한없이 사랑을 표현해주었으면 합니다.

지금도 영어 조기 교육에 대한 찬반 대립이 팽팽합니다. 조기 교육이 '노출'인지, '학습'인지 정확히 정의되지 않으면 논란은 앞으로도 계속될 거예요. 영어 노출은 빠르면 빠를수록 당연히 유리합니다. 그러나 아직 의사 표현도 제대로 못하는 아이에게 영어 말하기를 기대하고, 단어를 외우게 하며, 손아귀에 힘도 없는 아이에게 쓰기를 강요하는 학습은 대부분의 전문가들이 권하지 않아요. "저는 공부 안 시켜요. 책 읽어주고 놀이로 접근하는 정도예요"라고 말하면서 사물 카드를 들이밀며 외우기를 바라지는 않나요? 관심이 없어 획 돌아서는 아이를 붙잡고 "아까 봤던 거잖아. 이거 안 볼 거야?" 하면서요. 놀이는 '아이가 즐거운지'가 기준입니다. 더 이상 즐거워하지 않는다면 멈추는 게 맞습니다.

숨만 쉬고 잠만 잘 자도 고마운 시기잖아요. 음식 안 가리고 잘만 먹어도 감사하고요. 한 단어일지언정 할 줄 아는 말이 점점 늘어나는 모습이 마냥 신기합니다. 이 시기에 필요한 것은 이른 학습이 아니라 애정임을 기억했으면 해요. 잔잔한 목소리와 과하다 싶을 만큼의 진한 스킨십으로 언제나 보호받고 있다는 안정감을 충분히 주어야 하지요. 품에 쏙 들어올 때의 아찔함, 번쩍 안아 들어 올릴 때의 경쾌함, 맑은 눈망울과 마주칠 때의 경건함은 이때만 맛볼 수 있는 신의 선물이거든요. 급속도로 뇌가 커지고 신경 회로가 발달하는 때인 만큼 뇌가 골고루 발달할 수 있도록 해주어야 합니다. 목욕 후 노래를 불러주며 마사지를 해주고, 안아서 우유를 먹이고, 손잡고 뽀뽀하는 것도 뇌 발달에 큰 도움이 됩니다. 피부는 '제2의 뇌'라고 하니까요. 그러니 많이 쓰다듬고 안아주세요.

또한 밖으로 떠나는 여행도 중요해요. 여기서 '여행'은 자동차나 비행기 등 교통수단을 타고 떠나는 것이 아니랍니다. 매 순간이 처음인 시기잖아요. 5분 거리의 놀이터도, 마트도, 이웃집도, 골목길도, 언덕도 모두 아이에게는 신기하고 낯선 경험이 됩니다. 처음 밟아보는 눈, 몸을 가누지 못할 정도의 바람, 하늘하늘 떨어지는 벚꽃 잎, 굴러가는 카트, 줄지어 가는 개미 떼, 보이지 않는 곳에서 들리는 소리, 날마다 달라지는 달의 모양도 온통 신비로운 광경이지요. 나이가 들수록 시간이 빨리 간다고 느끼는 건 새롭지 않은 것, 습관적인 것을 할 때 그 시간을 지워버리기 때문이래요. 그래서 새로운 경험을 하거나 여행을 가면 시간이 늘어난 듯 느껴집니다. 그러니 아이들의 하루는 우리가 생각하는 24시간이 아닌 거예요. 집 안에서 늘 똑같은 가구, 똑같은 책, 똑같은 배경만 보여주지 말고 매일매일 밖으로 데리고 나가보세요. 꽃을, 자동차를, 강아지를, 구름을 책에서뿐만 아니라 직접 볼 수 있게 말이지요.

영어 교육 역시 감각을 통해 흡수할 수 있게 해야 합니다. 알파벳이나 파닉스를 익히는 것은 큰 의미가 없어요. 신 과일을 먹어보지 않고는 절대 'sour'를 알 수 없고, 펑펑 울어보지 않고는 'tear'를 알 수 없지요. 세상의 모든 것을 보고 듣고 만질 수는 없다고 해도 할 수 있는 만큼은 직접 경험해보는 것이 가장 좋은 언어 교육입니다.

엄마표 영어 읽어주기

그림책 읽어주기

모든 엄마는 자신이 책을 좋아하는지 여부에 관계없이 아이만큼은 책을 좋아하기를 바랍니다. 평소 글자와 담을 쌓고 살던 사람이 태교라며 배에 대고 그림책을 읽어주기도 하지요. 아이가 알아들을 거야, 굳은 믿음을 가지고서요. 배 속에서부터 엄마가 책 읽어주는 걸 들을 수 있다면 유아기에도 당연히 가능하겠지요? 그렇다고 이제 막 태어난 시력이 불완전한 아기에게까지 책을 들이밀지는 않았으면 합니다. 색을 인지하려면 대략 생후 6개월은 되어야 하니 책을 책답게 읽히는 것은 급히 서두르지 않아도 괜찮아요. 사실 이 시기에는 책 읽기와 놀이가 구분이 되지 않아요. 책은 그냥 엄마랑 같이 가지고 노는 장난감 중 하나일 뿐입니다. 물고 빨고 던지고 밟고 찢기도 합니다. "책을 그렇게 다루면 어떡하니?"라며 가르칠 게 아니라 그렇게 해도 되는 책을 아이 손에 쥐어주어야 해요.

⋮ 인터파크 도서 〉 외국도서 〉 어린이 〉 놀면서 배우기.

인터넷 서점마다 책을 분류하는 방법이 달라요. 자신이 주로 이용하는 서점이 있어도 책을 검색할 때는 여러 곳을 둘러보는 조금의 수고가 필요합니다. '소재별'로 분류한 이유는 아마도 아이의 특징을 고려한 것이겠지요. 야들야들한 종이로 된 책을 유아에게 보여줄 수는 없으니까요. 유아가 읽을 책을 고를 때는 이렇게 소재와 주제를 함께 생각해야 합니다.

돌 전후에는 헝겊책이나 촉감책을 보여주세요. 피부는 제2의 뇌라고 했잖아요. 피부로 느끼는 감각은 무척 중요합니다. 물에 젖어도 되고 찢어지지도 않는 목욕책을 가지고 놀아도 좋아요. 퍼즐북이나 팝업북처럼 아이가 직접 조작하는 책은 소근육의 발달을 도와주고요.

두 돌 전후로는 동작을 따라 할 수 있는 책과 사물 인지를 도와주는 책이 좋습니다. 걷고 뛰고 구르면서 대근육이 발달하고, 기본 단어를 알아들으면서 문장을 따라 말하는 등 언어 능력이 늘어가기 때문입니다. 찢어지지 않는 보드북(딱딱한 책)을 보여주면서 "이건 책이니까 던지면 안 돼. 찢으면 책이 아파해. 예쁘게 보자"라고 말해주세요. 이제는 책을 소중히 다루는 법을 가르쳐야 하는 때이기도 합니다.

[컨셉북 Concept Books]			주간베스트 새로 나온 책 회원리뷰
[알파벳 ABC]	[색 Colors]	[모양 Shapes]	[숫자 Numbers]

YES24 〉 외국도서 〉 유아/어린이 〉 유아 〉 컨셉북 Concept Books.

인지 능력을 높이기 위해서는 기본적인 개념을 알려주는 책이 좋습니다. 신체, 동물, 과일, 색깔, 사물, 가족, 크기, 기본 동작 등과 관련된 단어들이 나오는 책 말이에요. 다만 개념을 정확하게 받아들이기까지는 어느 정도 시간이 걸린다는 사실을 이해해야 합니다. 예를 들어 색에는 red, blue, black 등이 있음을 알지만 그것이 각각 무엇을 가리키는지는 아직 헷갈릴 수 있다는 거지요. 조급해하지 말고 기다려주세요.

어떻게 읽어줄까

헝겊책, 촉감책은 스토리보다는 감각으로 느끼는 게 목적이에요. 글씨와 그림을 구분하기 어려운 나이이기 때문에 글씨를 강조하는 건 큰 의미가 없습니다. 한글책을 읽어줄 때처럼 간단한 대화를 하며 단어 위주로 대답할 수 있도록 해야겠지요.

헝겊책, 촉감책을 보며 나눌 수 있는 대화

What's this? 이건 뭘까?

What's next? 다음엔 뭐가 나올까?

You're right! Correct! 맞았어.

You got it again! 또 맞혔네!

Touch it. Feel it. 만져보렴.

How does it feel? 느낌이 어때?

This is soft. 보들보들해. 푹신해. 말랑거려.

This is rough. 까끌까끌해. 거칠어.

This is bumpy. 울퉁불퉁해.

It's slippery. 미끌미끌해.

It's hard. 딱딱해.

I'll try it. 엄마도 해볼게.

Let's turn the pages. 책장을 넘기자.

Be careful not to tear. 찢어지지 않게 조심해야 해.

Wow, it's so cool. 우아, 너무 멋있다.

Shall we open it? 열어볼까?

Let's open it. 펼쳐보자.

Let's get it out. 꺼내보자.

Fold it again. 다시 접으렴.

Put it back in. 다시 집어넣어야지.

수십 번, 수백 번을 읽어주어도 아이는 마치 '처음처럼' 재미있어 해요. '까꿍 놀이'처럼 눈에 보이지 않아도 존재한다는 사실을 압니다. 대상 영속성이라고 하지요. 플랩을 펼치며 엄마도 매번 처음처럼 "Ta-Da!(짜잔!)" 하며 놀라야 합니다. '내가 이게 무슨 유치한 짓인가' 싶어도 참아주세요. 엄마가 조금만 시들한 표정을 지어도 아이는 금세 실망하니까요.

인지 능력을 높이기 위한 책을 읽어줄 때는 동작으로 보여주거나 실제 사물, 실제 상황을 이용하는 것이 가장 좋아요. 예를 들어 『Go Away, Big Green Monster!』를 읽었다면 직접 아이의 신체를 가리키거나 엄마의 신체를 짚어보는 겁니다. 『Brown Bear, Brown Bear, What Do You See?』를 읽고선 집 안에 있는 사물을 찾아다니며 실제로 존재하는 색을 보여주고요.

: 『Go Away, Big Green Monster!』의 한 장면.

『Go Away, Big Green Monster!』를 읽으며 엄마와 아이는 다음과 같이 이야기를 나눌 수 있어요.

"(엄마의 두 눈을 짚으며) I have two eyes.
(아이의 눈을 가리키며) You have two eyes, too."

영어로 문장을 만들기가 부담스럽다면 우리말로 해도 됩니다.

"엄마는 one, two. 우아, two eyes가 있네. 어머, 우리 ○○이
도 여기에 one, two, two eyes가 있네!"

Yellow Duck,
Yellow Duck,
What do you see?

I see a blue horse
looking at me.

『Brown Bear, Brown Bear, What Do You See?』의 한 장면.

"Yellow duck처럼 우리 ○○이도 yellow shirt 입었네. 또 yellow가 어디 있을까? 우산도 yellow, 신발도 yellow, 그러고 보니 yellow가 참 많다."

We see a brown bear,   a red bird,   a yellow duck,   a blue horse,

a green frog,   a purple cat,   a white dog,

a black sheep,   a goldfish,   and a teacher looking at us. That's what we see.

『Brown Bear, Brown Bear, What Do You See?』의 또 다른 장면.

"여기에 우리가 본 동물이랑 색깔이 다 나왔네. 엄마가 말하는 거 짚어줄래? Can you find yellow? And… Where is blue? Let's find a frog! 이번에는 네가 말해봐. 그러면 엄마가 찾을게."

추천 그림책

Go Away, Big Green Monster!
by Ed Emberley

책장을 넘길 때마다 눈, 코, 입 등이 나타나면서 monster가 나오고 다시 하나씩 monster가 사라집니다. 선명한 색감과 더불어 얼굴과 관련된 단어를 알게 되지요.

The Pop-up Dear Zoo by Rod Campbell
펼쳐보는 재미가 있습니다. 감추어진 동물들이 나올 때마다 탄성을 자아내지요. 동물은 언제나 아이의 최고 관심사입니다.

Who Stole the Cookies from the Cookie jar?
by Public Domain, Jane Manning

Maisy's House and Garden
by Lucy Cousins

Maisy's Fairground
by Lucy Cousins

Hooray for Fish!
by Lucy Cousins

The Very Busy Spider
by Eric Carle

Not a Box
by Antoinette Portis

The Watermelon Seed
by Greg Pizzoli

Good Egg
by Barney Saltzberg

Ketchup on Your Cornflakes?
by Nick Sharratt

It's a Little Book
by Lane Smith

Brown Bear, Brown Bear, What Do You See?
by Bill Martin Jr.,
Eric Carle

Opposites
by Patrick George

Rain
by Robert Kalan,
Donald Crews

The Story of the Little Mole Who Knew it Was None of His Business
by Werner Holzwarth,
Wolf Erlbruch

Freight Train
by Donald Crews

Piggies
by Audrey Wood,
Don Wood

I Went Walking
by Sue Williams,
Julie Vivas

Chicka Chicka Boom Boom
by Bill Martin Jr.,
John Archambault,
Lois Ehlert

Potty
by Leslie Patricelli

Whose Baby Am I?
by John Butler

Monster, Monster
by Melanie Walsh

What Am I?
by Sterling Children's

**My First Spot
Lift-the-flap
Library**
(10권 시리즈)

by Eric Hill

엄마표 영어 듣기

무엇을 보여주고 들려줄까

유아에게는 무엇을 보여주어야 할까요? 가장 많이 보여주어야 하는 것은 당연히 엄마 얼굴입니다. 사람은 상대방을 보면서 자신도 모르게 표정을 따라 하고 상대방의 감정을 느낀다고 해요. 아이는 엄마를 통해서 사람이 가져야 하는 다양한 감정을 배웁니다. 애착이 잘 형성될수록 그 영향력은 더욱 크겠지요. 엄마가 웃으면 아이도 웃고 엄마가 울면 아이도 울어요. 괜히 장난삼아 우는 척했는데 아이가 따라 울어서 마음이 짠해진 적도 있었지요. '너는 나와 이어져 있구나.' 알 수 없는 감동이 몰려오더라고요. 남편과는 다른 종류의 연대감입니다.

아무리 그래도 엄마 얼굴만 보여준다고 영어를 하게 되는 것은 아니니 무언가 보여주어야겠지요? 그러나 만 3세까지는 가능하면 영상물은 보여주지 않는 편이 좋습니다. 만 3세까지 뇌의 80%가 완성되고, 특히 기억과 판단을 담당하는 대뇌가 이 시기에 거의 다 발달하기 때문이에요. 자극적이고 화려한 영상은 뇌 발달을 방해한다고 합니다. 그렇기 때문에 유아의 스마트폰 사용을 법으로 엄격히 금지하고 있는 나라도 점차 늘고 있어요. 세계 보건 기구(WHO)도 2~4세 유아는 하루 1시간 이상 스마트폰 등 전자 기기의 화면을 보아선 안 된다고 경고했고, 특히 1세 이하 아기는 전자 기기 화면에 노출되는 일이 없도록 해야 한다고 주의를 당부했어요. 아직까지 우리나라는 법으로 금지하고 있진 않기에 유아의 스마트폰 사용이 많을 거라고 생각합니다. 심각한 문제지요. 그러나 법으로 정하기까지는 시간이 많이 걸려요. 꼭 법으로 제재를 가하지 않더라도 엄마들이 먼저 경각심을 가지고 아이들을 지키면 좋겠습니다.

그러니 유아용으로 제작된 프로그램이라 하더라도 가급적 안 보여주는 편이 좋겠지요. 만약 보더라도 짧게, 꼭 엄마와 같이 보도록 하세요. 솔직히 엄마가 쉬고 싶어 보여줄 때도 많잖아요. 저도 그런 적이 있어요. 너무 피곤한 나머지 계속해서 잠이 쏟아져 결국 마더 구스 동요를 틀어놓고 아이 옆에 누웠지요. 죄책감을 덜고자 잠꼬대처럼 동요를 흥얼거리고, 엄마가 옆에 있다고 안심시키기 위해 아이 다리를 만지며 졸다 말다 했었어요. 한순간도 눈을 떼면 안 되는 어린아이를 둔 엄마의 24시간 육아가 얼마나 고된 노동인지 잘 알아요. 그러나 아이의 정상적인 뇌 발달을 위해 영상물 노출은 최대한 시기를 늦추었으면 합니다. 그럼에도 불구하고 형제자매가 있으면 어쩔 수 없이 영상에 일찍 노출이 될 수도 있어요. 형제자매가 같이 보면 그나마 상호 삭용을 하면서 보게 됩니다. 영상 중독에 빠지는 이유는 멍하니 화면만 보고 있기 때문인데, 같이 웃고, 흉내 내고, 내용에 대해 대화하는 과정이 있어서 그나마 다행이라고 할 수 있지요.

소리만 들려주는 건 중독에 빠질 염려가 거의 없으니 영상이 아닌 음성을 활용해보세요. 대표적인 동요는 '마더 구스Mother Goose'와 '너서리 라임Nursery Rhyme'입니다. 유튜브에서 mother goose, nursery rhyme을 찾거나 좋아하는 곡을 USB에 담아 들려주는 방법이 있어요. 개인적으로는 '위씽Wee Sing 시리즈'를 좋아합니다. 아기들이 듣기에 덜 자극적이거든요. CD를 구입하면 악보가 들어 있어 가사를 볼 수 있습니다. 아기들에게는 Wee Sing for Baby나 Wee Sing in the Car를 추천합니다.

아이가 하품을 하면 잔잔한 Lullaby자장가를 틀어주세요. 가사가 없는 경음악이나 클래식도 좋고 'A Child's Gift Of Lullabies'로 검색해 들려주어도 좋습니다. 영어 가사를 주입시키려 하기보다는 다양한 음역대의 소리, 영어의 운율이나 발음, 억양 등에 익숙한 환경을 제공한다고 생각하세요.

: Wee Sing 시리즈 도서와 Wee Sing 시리즈 전 곡을 들어볼 수 있는 QR 코드.

언제 들려줄까

하루 종일 아이를 쫓아다니며 영어 음원을 들려준다는 엄마가 있었어요. 밥 먹을 때는 식탁 위에, 공부할 때는 방 안에, 심지어 볼일을 볼 때는 화장실 문 앞에까지… '이렇게까지 해야 하는 걸까? 아이가 좋아할까?'라는 생각도 들었고, '정말 부지런한 엄마구나'라는 생각도 들었습니다. 아이에게 영어를 들려줄 때 엄마는 음악 방송 DJ처럼 해야 합니다. 아이의 컨디션을 잘 관찰해 조용할 때와 흥이 날 때 틀어줄 음원을 자유자재로 다루는 거지요. 잘 놀고 있다면 마더 구스나 노부영의 음원을, 수유를 하거나 졸릴 때는 자장가나 클래식을 들려주면 좋겠지요. 말을 잘 못하는 아이이기에 표정이나 행동으로 상태를 잘 파악해야 합니다.

어떻게 들려줄까

인지 능력을 발달시키기 위해 동작이나 표정으로 내용을 이해시키는 방법만큼 좋은 게 없어요. 따로 율동을 배우지 않고 엄마 마음대로 지어내도 됩니다. 너무 어려운 동작은 아이가 따라 하기 쉽지 않으니 아주 간단한 몸짓과 표정으로 단순화시킬 필요가 있어요.

동요를 들을 때 아이를 무릎에 앉힌 다음에 팔이나 손목을 가볍게 잡고 율동을 크게 했었어요. 특별한 동작이 없을 때는 박수를 치거나 팔을 흔들거나 아이가 앉아 있는 저의 무릎을 까딱까딱하며 리듬을 맞추어주었고요. 때로는 마주 앉아서 엄마 율동을 보게 했지요. 어린이집이나 유치원 선생님들이 동작을 어떻게 하는지 떠올려보세요. 입 모양도 크게, 팔의 움직임도 크게, 표정은 과장되게 하잖아요. 엄마도 그렇게 하는 겁니다. 그렇다고 해서 동요마다 율동을 할 필요는 없습니다. 가만히 귀 기울여 감상하는 것도 아이의 귀를 섬세하게 해주므로 도움이 됩니다.

동요 'Round the garden' 부르며 놀기

Round and round the garden,

Like the teddy bear, (아이 손바닥에 제 검지를 대고 뱅글뱅글 돌렸어요.)

One step, two steps, (검지와 중지로 아이 팔 위를 걸어갔지요.)

Tickle you under there. (아이 겨드랑이까지 가서 간질간질~)

영어 동요를 운동용으로도 사용했어요. 신체 활동이 충분하지 않으면 아이는 찡찡거리기만 하고 푹 잠들지 못합니다. 미세먼지가 기승을 부리면 밖으로 나갈 수도 없는데 말이에요. 그럴 때 신나는 동요를 틀어놓고 신체 놀이를 해보세요. 구르고 흔들고 소파에서 점프하고 춤을 추면서요. 엉덩이를 씰룩쌜룩 몸을 좌우로 흔들고 뒤뚱뒤뚱 걷기만 해도 에너지가 많이 소모됩니다. 실컷 놀고 곯아떨어진 아이의 젖은 머리와 발그레한 볼을 보며 엄마도 꿀처럼 달콤하게 잠깐의 휴식을 가질 수 있지요.

동요 'Walking, walking'을 부르며 신체 활동하기

Walking, walking, walking, walking, (방 안을 걸었고요.)

Hop, hop, hop, hop, hop, hop, (점프했어요.)

Running, running, running, running, running, running, (마구 달리고)

Now let's stop, now let's stop.

(달리다가 갑자기 딱 멈추었어요. 멈출 때 우스꽝스럽게 멈추면 더 재미있어요.)

엄마표 영어 말하기

생활 영어 사용하기

아이들은 깊이 생각한 뒤에 말하지 않아요. 떠오르는 대로 입 밖으로 꺼냅니다. 어쩌면 영어인지 우리말인지 구분도 못하는 상태겠지요. 그래서 아무 말이나 했을 뿐인데 엄마가 "어머, 영어로 말을 하네! 웬일이니, 웬일이야. 우리 집에 천재가 나왔나 봐!" 호들갑을 떨어요. "Let's go!"를 "가자!"보다 더 많이 들었거나 사용했다면 아이는 어디 가자고 하는 상황에서는 그런 표현을 쓰는 거라고 익혔을 뿐인데 말입니다. 그래도 조그마한 입에서 어른도 쉽게 말하지 못하는 영어 문장이 나오면 아무래도 엄마 입은 벌어지기 마련입니다. 더 분발하고 싶고 막중한 책임감이 느껴지기도 하고요. 이럴 때 생활 영어를 한번 시도해보세요. 두세 살짜리 아이를 데리고 수능 영어를 하겠어요, 토익을 하겠어요? 우리말로도 문장이 길어지면 동공 지진이 일어나는 때잖아요. 정말 짧은 생활 영어를 사용해보는 겁니다. 주로 책에서 읽어주었던 동사나 명사를 가지고요. 생활 영어를 어떻게 하냐고요? 일단 겁먹지 말 것! 그리고 절대 길게 하지 말 것! 이것만 명심하세요. 유아를 데리고 할 수 있는 말은 별로 많지 않아요. 하고 싶은 말이 길면 영어로 하지 말고 우리말로 하세요. 영어는 기본 중의 기본만 하면 됩니다.

주로 청유형(~하자)과 명령형(~하라)이 많겠지요. 아직 판단과 행동에 도움이 많이 필요할 때니까요. 일단 Let's로 말문을 열고 봅니다. Let's라고 먼저 말해버리세요. 그다음에 동사를 생각합니다. 동사 원형이 그대로 오면 되니까 얼마나 간단한가요? 완벽한 문장을 생각한 뒤에 말하려고 하지 마세요. 3인칭 단수니 복수니 그런 거 생각 안 해도 됩니다. 그러다 조금 자신감이 붙으면 뒤에 한두 단어씩 더 붙여주고요. 처음에는 "Let's go!"만 하다가 "Let's go to the market!", "Let's go fast!", "Let's go together!"처럼 응용하는 거예요. 참 쉽지요?

명령문은 더 쉽습니다. 그냥 동사만 쓰면 되니까요. 하지만 동사만 툭 내뱉으면 잠 버릇없는 말이 되기도 합니다. 이럴 때 'Magic word'인 'Please'를 붙이면 조금 부드러운 표현이 되겠지요? "Come here, please", "Sit down, please", "Stop, please" 처럼요. 그리고 이 연령대의 아이에게 주로 쓰는 말 중 하나는 "할 수 있겠니?"예요. 뭐든 서툴기에 자꾸만 물어보게 되거든요. 역시 Can you 뒤에 동사 원형만 붙이면 됩니다. "Can you run?", "Can you sing?", "Can you push?"처럼요.

엄마의 이런 노력을 어떤 아이는 자연스럽게 받아들이고, 어떤 아이는 엄마의 입을 틀어막으며 "엄마, 영어로 하지 마. 영어 싫어!"라고 해요. 아이가 싫다고 한다면 그 순간 쿨하게 "그래, 그만하자" 하고 멈추면 됩니다. 그러다 슬쩍슬쩍 또 시도해보고, 여전히 싫다고 하면 바로 그만둡니다. 대신 아이에게 요구하는 뉘앙스는 풍기지 않는 편이 좋아요. 엄마가 연습하고 싶어서 그러는 구나 생각이 들게 하면 됩니다.

영어에 일찍 노출이 되면 아이가 영어와 우리말을 혼용해서 쓰기도 할 거예요. "Mommy, go to 침대 해요", "엄마가 혼내서 내가 cry 해요"처럼요. 특정 단어가 영어인지 우리말인지 아직 인지하지 못해서 생기는 현상이기도 하고, 표현하고자 하는 단어를 영어 또는 우리말로 뭐라고 하는지 몰라서 그렇기도 합니다. 물론 섞어 쓰지 않는 것이 좋아요. 엄마도 가능하면 영어 또는 우리말로만 된 문장을 쓰는 게 좋고요. 그러나 그렇지 못한다고 하더라도 걱정할 필요는 없습니다. 계속해서 영어와 우리말에 노출이 되면서 자연스레 모국어가 무엇인지 알게 되고, 영어와 우리말을 구분하게 될 테니까요.

영어 옹알이

영어인 듯 영어 아닌 영어 같은 말을 혹시 들어보셨나요? 분명 억양과 발음은 영어 같기는 한데 아이가 세상에 존재하지 않는 말을 할 때가 있습니다. 가만히 들어보면 몇몇 단어는 진짜 영어여서 모르는 사람이 들으면 유창한 영어 구사자라고 깜빡 속을 정도지요. 이런 '영어 옹알이'는 하는 아이도 있고 전혀 하지 않는 아이도 있어요. 주로 말하기 좋아하는 아이들이 옹알이를 하곤 하는데 아는 영어 단어나 표현이 많을수록 정확도가 높아지지요. 영어 옹알이를 할 때는 지나치게 관심을 보이지 않아야 합니다. 주목받고 있음을 알게 되면 쑥스러워서 멈추거든요. 신경이 쓰이더라도 무심한 듯 지나쳐주세요.

엄마표 영어 쓰기

엄마가 대신 그려주기

뒤집고 기고 서고 걷는 등 대근육의 발달은 눈에 잘 띕니다. 개월 수에 맞게 발달하고 있는지 엄마도 신경을 많이 쓰고요. 반면 섬세한 움직임을 돕는 소근육의 발달은 일찍 눈에 띄지 않지요. 생후 5~6개월부터는 소근육 발달을 위해 여러 가지 자극을 주고 놀이를 시키는 편이 좋습니다. 특히 손의 사용은 뇌 발달에 큰 도움이 되지요. 쥐고 펴고 만지고 들어 올리고 박수 치는 등 모든 행동이 아이에게는 하나씩 도전해야 하는 과제랍니다. 그리거나 쓰기까지는 시간이 많이 걸려요. 아이가 직접 하고 싶어도 잘 못하니 "엄마가 해", "엄마가 그려줘"라고 합니다. 아이랑 나란히 앉아 엄마가 대신 그리거나 쓰면서 아이가 직접 하고 싶다는 생각이 들게 해보세요. 예를 들어 엄마가 사과를 그리고 나서 "Wow, this is an apple"이라고 말하며 그림 아래에 'apple'을 쓰는 거지요. 아이에게 조금이나마 용기가 생긴다면 "사과는 내가 그릴 거야"라고 하지 않을까요? 그때까지는 아이의 아바타가 되어주세요. 아이가 그리기에 기꺼이 도전할 수 있도록 작대기 그림 하나에도 반응을 보이면서요.

자유롭게 낙서하기

"나도! 나도!", "내가!"를 하루 종일 입에 달고 말할 때가 옵니다. 무엇이든 스스로 해보겠다며 고집을 부리고 사고를 치지요. 낙서가 하나둘 생겨나고 소파에 그려놓은 볼펜 자국을 엄마는 벅벅 지워야 합니다. 물론 종이를 주고 색연필을 쥐어주어도 제대로 된 형태의 그림이나 글씨가 나타나진 않겠지요. 그러나 아이는 분명 마음의 눈으로 본 것을 열심히 그립니다. 그러니 엄마도 똑같이 마음의 눈으로 보아야 해요. 아메바를 그리고 나서 "이건 아빠야"라고 우겨도 참 잘생겼다고 해주어야 합니다. 이면지를 부지런히 모으고, 굵고 얇고 진하고 흐린 다양한 필기도구로 점, 선, 면을 경험하게 해주세요.

글씨를 흉내 내는 아이도 더러 있습니다. 엄마가 쓴 것을 보고 자신도 글씨를 쓸 수 있다며 끄적거리지요. 글자가 아닌 이상한 모양을 그리거나 dkAhP 같은 알파벳 조합을 만들어놓고는 "엄마, 이거 어떻게 읽어? 읽어줘"라며 무리한 부탁을 하기도 합니다. 엄마가 잘 모르는 글자니 "네가 알려줄래?"라고 하거나 각각의 알파벳 음을 읽어주세요. 세종대왕이 한글을 만들었을 때도 처음에는 아무도 못 읽었답니다. 아이는 지금 신나는 창조자 시기입니다.

엄마도 성장하기

엄마도 성장하는 엄마표 영어

엄마표 영어를 하면 아이뿐만 아니라 엄마의 영어 실력도 올라갑니다. 왜 그럴까요?

첫째, 본의 아니게 연습을 많이 하기 때문입니다.

아이가 어릴수록 같은 책을 수없이 읽어주게 되는데 책 한 권을 몇 번씩 읽는 것, 사실 그만한 공부가 없잖아요? 읽어주다 보면 저절로 외워지기도 하고, 문법을 깨치기도 하고, 회화도 연습하게 되니까요.

둘째, 기초부터 다시 시작해서 그렇습니다.

엄마는 유아 영어를 배운 적이 없어요. 거의 대부분이 A, B, C… 알파벳을 배운 뒤에 곧바로 어른의 영어를 배웠지요. 그런데 아이에게 책을 읽어주고 DVD를 보여주면서 영어의 가장 밑바닥부터 접하게 된 거예요. 거기서부터 아이와 함께 차근차근 올라가니 당연히 실력이 쌓일 수밖에요. 이전에 배운 영어가 모래 위에 지은 집이었다면 이제야 비로소 제대로 기초 공사를 하는 거지요.

셋째, 강한 내적 동기가 작용합니다.

완벽하게 공부했는지 알아보는 가장 좋은 방법은 공부한 내용을 가르쳐보는 겁니다. 모르면 가르칠 수 없으니까요. 아이에게 하나라도 더 알려주고 싶은 마음이 강한 동기로 작용하고, 설명하거나 이야기를 나누면서 확실하게 '내 것'이 되지요.

엄마표 영어는 당장 눈앞에 결과가 보이지 않아요. 마치 인생을 다시 사는 것처럼 성장하고 배우며 진짜 어른이 되어가는 과정이라고 생각합니다. 영어도 영어지만 공부의 의미와 과정, 나에 대한 성찰까지 함께 배울 수 있어요. 그렇기 때문에 엄마의 성장은 어쩌면 너무도 당연한 결과가 아닐까요?

공동 육아와 품앗이 육아

예전에는 가족과 이웃들이 모여 살면서 육아에 대한 노하우를 주고받으면서 아이를 키웠지만 지금은 수직적인 관계보다는 수평적인 관계에서 얻는 정보가 훨씬 많아졌습니다. 김치를 담그는 방법도, 이유식을 만드는 방법도 전부 인터넷 검색으로 해결하지요. 개월 수까지 똑같다는 끈끈한 동지애로 산후 조리원 동기들과 오랜 기간 친목을 유지하기도 하고요. 아이를 혼자서는 키울 수가 없기 때문입니다.

아이에게 해주고 싶은 것은 많으나 체력도 시간도 충분하지 않다면 공동 육아나 품앗이 육아를 생각해보세요. 엄마들이 돌아가면서 스토리텔링을 하거나 율동을 가르치면서 아이들과 노는 겁니다. 4명으로 이루어진 그룹이라면 엄마는 한 달에 한 번만 준비를 하면 되지만 아이는 4번의 활동을 하는 거지요. 혼자하는 것보다 즐겁기도 하고요. 내 아이만을 위한 활동이라면 엄마도 느슨해질 수 있지만 다른 아이들도 함께하는 활동이기에 준비하면서 엄마도 많이 배우게 됩니다.

영어에 자신이 없다면 영어를 잘하는 엄마가 영어를 담당하고 다른 엄마가 간식을 만들거나 재료를 챙기거나 장소를 제공하는 등 각자 할 수 있는 일을 하면 됩니다. 마음이 맞는 멤버를 구하는 일이 쉽지는 않지만 내가 먼저 좋은 멤버가 되는 일이 출발선이에요. 좋은 사람 옆에는 항상 좋은 사람들이 모여들기

마련이니까요. 조금만 더 베푸세요. 그러면 좋은 모임이 이루어집니다.

생활 영어 익히기

엄마표 영어를 위해 따로 영어 회화를 배워야 하냐고 묻는다면 그럴 필요는 없다고 답하겠습니다. 저 역시 아이들과 영어로 대화하지는 않았거든요. 우리말 어휘 확장이 더 중요하다고 판단했고, 영어로는 아이와 깊은 교감을 하기가 부자연스럽다고 생각했으니까요. 저의 부족한 영어로는 아이에 대한 온전한 사랑을 다 표현할 수가 없었어요. 엄마의 애정 가득한 목소리를 들려주고 말을 많이 해주어야 하는데 영어로는 수다쟁이가 될 수 없었으니까요. 다만 아쉬운 점은 그때야말로 아이 핑계를 대고 엄마이자 '나'의 생활 영어를 익힐 수 있는 절호의 기회였는데 놓쳤다는 것이지요.

영어 학원이나 회화 스터디에 가서 입을 떼려고 하면 얼마나 어색하고 부끄러운지 몰라요. 혹시나 내가 틀린 걸 알아채고 비웃으면 어떡하지? 지금 내가 한 말이 대체 맞은 거야, 틀린 거야? 여간 신경이 쓰이는 게 아닙니다. 그런데 아이는 엄마가 하는 말이 맞는지 틀리는지 모르잖아요. 다시 말해 아이는 엄마의 영어 회화 연습 상대로 아주 최적이라는 이야기지요. 좀 의아하지요? 제대로 된 선생님에게 배워도 모자랄 판에 이게 무슨 엉터리 방법인가 싶어서요. 그러나 제가 영어 학원에 가고 회화 스터디에 참석하면서 느낀 점은 누가 제 영어를 고쳐주었기 때문이 아니라 그냥 자꾸 말을 하면서 실력이 늘었다는 거예요. 다양한 표현을 사용하려고 노력하는 과정에서 언어는 발전하는 법이더라고요. 그러니 영어 회화를 연습하기에 이보다 더 좋은 시기는 없습니다. 아이가 조금만 더 크면 영어로 말하지 말라며 입을 막고, 엄마가 틀렸다고 경고를 날릴 테니까요. 틀려도 마구 남발할 수 있는 시기는 지금밖에 없어요. 아이의 영어를 위해서 하라는 게 아니에요. 사실 엄마가 생활 영어를 외워서 사용하는 방법이 아이의 영어 발달에 아주 큰 도움이 된다고 보기는 어려워요. 하지만 엄마의 영어 발달에는 확실히 도움이 됩니다. 그리고 노력하는 엄마의 모습, 영어에 자신감이 붙어가는 모습, 영어를 친숙하게 곁에 두는 습관이 아이의 영어 발달에 영향을 끼친다고 봅니다. 그러니 유아를 키우는 엄마라면 꼭 한번 도전해보았으면 합니다.

『엄마표 생활영어 표현사전』(홍현주, 동양북스)은 아이와의 일상이 담긴 영어 회화책입니다. 저를 비롯한 평범한 엄마들이 저자와 함께 생활 속에서 늘 사용하는 아이와의 대화를 찾아 모았기에 굉장히 현실적입니다. '이런 말은 영어로 어떻게 하지?' 궁금할 때 찾아서 바로 쓸 수 있는 방대한 사전 형태의 책입니다. 그런가 하면 『세상에서 제일 쉬운 엄마표 생활영어』(홍현주, 동양북스)는 비교적 얇지만 필수 표현들로 실전에서 활용하기에 적합한 책이고요. 스터디를 하거나 외우기에도 적당하지요. 실제로 엄마표 영어 카페에서 스터디용으로 많이 활용하고 있더라고요. 만약 함께하기 어렵다면 유튜브 강의를 듣고 외우는 방법도 있습니다. 외울 때는 무조건 소리를 내야 합니다. 글로 쓰는 것은 소용없어요. 자연스럽게 입에서 나올 때까지 수십 번 반복합니다. 다음 단어를 생각하면서 더듬더듬하는 건 외운 게 아니에요. 단번에 쭉 거침없이 나올 정도가 되어야 외운 거지요. 한 페이지를 다 외우기가 어렵다면 한두 문장이라도 콕 집어 확실히 외우는 편이 좋아요. 꾸역꾸역이 아니라 꼭꼭 씹어 소화를 시켜야 합니다.

혼공
부모TV

파닉스 배우기

영어책을 읽어주려면 우선 영어를 읽을 줄 알아야 하고, 영어를 읽는 방법을 가르치려면 당연히 파닉스를 알아야 합니다. 아이가 파닉스를 자연스럽게 깨우치도록 하려면 엄마가 원리를 알고 지도하는 편이 좋겠지요. 엄마는 성인이기 때문에 네다섯 권으로 된 어린이용 파닉스 교재를 볼 필요는 없어요. 이어서 추천하는 교재 중 하나를 골라 쭉 훑어보거나 유튜브에서 '파닉스', 'Phonics'로 검색해 들어보는 정도면 충분합니다.

파닉스를 알면 단어를 어떻게 나누어 읽어야 하는지 명확해집니다. frog 같은 경우 fr이 이중 자음이므로 fr, o, g가 되지요. know는 k와 n이 함께 쓰이면 k 소리가 나지 않고 ow는 이중 모음이기에 kn, ow 그래서 ㄴ+오우, 즉 노우로 소리를 내야 하고요. 모두 읽을 수는 있지만 가르치기 위한 기술이라 생각하고 교재나 영상은 가볍게 보면 됩니다.

엄마를 위한 파닉스 교재

- 『쓰면서 배우는 알파벳과 발음 BOOK』(박준영, 랭컴)
- 『100세까지 든든한 기초탄탄 영어발음』(크리스탈 정, 북컴퍼니)
- 『청춘 영어: 알파벳+파닉스』(배진영, 다락원)

팝송 외우기

아이가 어리면 엄마는 몸이 묶이게 되지요. 정신은 무너지는데 몸이 묶여 있으니 답답하고 속이 상합니다. 영어 공부를 하고 싶어도 아이가 어디 가만히 두나요? 그런 의미에서 팝송은 가만히 책상 앞에서만 해야 하는 것은 아니니 해볼 만합니다. 아이를 재우거나 먹이면서도, 집안일을 하면서도 듣고 따라 할 수 있으니까요. 아이도 엄마의 흥얼거리는 노랫소리를 들으면 영어 노래의 매력에 폭 빠지지 않을까요? 머지않아 그 노래를 함께 부르는 날이 온답니다.

학창 시절에 좋아했던 노래나 유명한 OST 등을 인터넷에서 검색하거나 멜론, 벅스, 지니 등의 음악 애플리케이션에서 곡을 찾아 듣고 가사를 볼 수 있어요. 곡을 충분히 들어 입으로 대충이라도 흥얼거릴 수 있으면 그때 가사를 보세요. 가사를 먼저 보면 읽으려는 쓸데없는 의지가 튀어나와 자연스러운 억양을 방해하게 되거든요. 가사를 볼 때는 놓친 단어가 무엇인지, 어떻게 들리는지 확인해봅니다. 학창 시절에는 굳이 애쓰지 않아도 저절로 외워져서 그렇게 공부를 방해하더니, 이제는 외우려고 노력해도 어쩌면 그렇게 안 외워질까요? 그래도 공부라는 생각 없이 영어의 세계로 빠져들 수 있는 팝송이 있어 행복합니다. 아이와 함께 보았던 영화의 OST 중 몇 곡만이라도 외워보세요. 분명히 써먹을 날이 올 겁니다.

엄마를 위한 음악 영화

- <사운드 오브 뮤직The Sound Of Music>

- <애니Annie>

- <오즈의 마법사The Wizard Of Oz>

- <메리 포핀스Mary Poppins>

- <코코Coco>

- <모아나Moana>

- <원스Once>

- <라라랜드La La Land>

- <레미제라블Les Miserables>

- <비긴 어게인Begin Again>

- <맘마미아!Mamma Mia!>

- <보헤미안 랩소디Bohemian Rhapsody>

02

4~7세
노는 게 제일 좋아요

읽어주기(40)	읽기(10)	듣기(40)	말하기(5)	쓰기(5)

3~4세 정도 되면 가상 놀이를 할 수 있고 자신이 생각하는 것을 그리려고
시도합니다. 무생물에도 생명이 있다고 여기며, 듣는 사람이 없어도 즐겁
게 이야기할 수 있습니다. 모든 것이 '나'를 위해 만들어졌으며 남도 자신
과 동일하다고 생각해 배려하지 못합니다. 인성 교육과 감정 조절 교육이
필요한 시기입니다.

4~7세 연령별 특징과 엄마표 영어

    4세 전후로 많은 아이들이 어린이집이나 유치원을 갑니다. 활동량이 많고 호기심이 샘솟고 또래들과도 어울리고 싶어 하거든요. 적어도 신변에 무슨 일이 있었는지 엄마에게 이야기해줄 수는 있으니 걱정을 좀 덜고 기관에 보낼 수 있습니다. 재미난 체험도 하고 친구들과 놀면서 아이는 부쩍 크고, 엄마는 자기만의 시간을 가질 수도 있고요.

    지금까지 세상이 자기중심으로 돌아가는 줄 알았던 아이가 점차 자기 이외의 사람들과도 어울려야 한다는 사실을 배우고, 놀기 위해 자기중심적인 사고를 내려놓기도 합니다. 즉, '싫어도 하는' 행위가 가능해지는 것이지요. 언어도 폭발적으로 늘어 제법 의사소통이 재미있어집니다. 언제 이렇게 커서 우리가 대화를 하고 있지? 문득문득 신기하기도 하고요. 그러나 아이가 하는 말에서 많은 오류가 보입니다. 어휘는 늘었지만 문법은 불완전한 상태거든요. 그런데 오히려 그런 미숙한 말투가 얼마나 사랑스럽고 귀여운지요. 어록이라며 아이의 엉뚱한 말을 기록으로 남기는 엄마도 있답니다. 이 사랑스러운 과정을 꼭 기억해두세요. 영어로 말할 때도 나이와 상관없이 꼭 거치는 과정이거든요. "얘가 왜 이렇게 이상하게 말을 하지?" 걱정할 일이 전혀 아닙니다.

7세 이전까지는 영어보다 모국어 완성이 더! 더! 더! 중요합니다. 모국어를 제대로 발달시키지 않으면 앞으로의 언어생활에 큰 지장이 생겨요. 부모가 원어민이거나 영어권에 살고 있다면 모를까, 원어민처럼 만들겠다고 모국어를 강제 탄압해서는 곤란합니다. 모국어로 창의적인 생각을 많이 할 수 있도록 더욱 신경을 써야 합니다. 영어는 어디까지나 낯설지 않은 언어, 많이 들어보았던 언어, 재미있는 그림책에 들어 있는 언어 정도로만 인식시켜두면 됩니다.

물론 언어 감각이 남다른 아이들도 있어요. 글자를 알려주려고 하지 않았는데도 스스로 깨치거나, 알려달라고 계속해서 이야기하는 아이들입니다. 글자를 알아가며 무척 신이 나서 흥분하지요. 공부라 생각하지 않고 놀이라 생각하거든요. 이런 경우에는 문자로의 진입을 시도해도 됩니다. 물론 주의해야 하는 부분도 있어요. 문자 인식 속도가 빠르고 언어 감각이 뛰어나면 아이가 아직 어리다는 걸 엄마들이 깜빡하더라고요. 3살부터 읽기 시작해서 3년을 읽어도 겨우 6살입니다. 작고 여린 아이예요. 6살 아이는 사회 경험도 적고 배경지식도 얕지요. 읽기 시작한 지 꽤 되었어도 성큼성큼 올라가기가 어려워요. 문자를 빨리 알아버려서 그림을 자세히 보지 않거나 상상하지 않는 반쪽짜리 독서를 할 수도 있고요. 그렇기 때문에 언어가 빠른 아이들은 놓치고 가는 것이 없는지, 이때 각별히 신경을 써야 하는 예절과 인성 교육 등은 충분한지 더욱 세심하게 돌아보아야 합니다. 물론 지적인 욕구도 계속해서 채워주면서요.

문자 인식을 못한다고 해도 전혀 늦은 것은 아닙니다. 그런데도 엄마들은 아이가 되도록 빨리 글을 읽기를 바라지요. 영어를 빨리 읽어야 하니 한글은 더욱 빨리 떼려고 서너 살부터 학습지 선생님을 부르고 교재를 풀게 합니다. 그러나 '빨리'가 아니라 '충분히' 느끼는 아이로 키웠으면 해요. 감정도, 생각도, 사고도 충만한 사람으로요. 빨리 걷기 시작한 아이가 달리기 선수가 되는 건 아니니까요.

영유아 시기에는 영어를 전혀 접하지 않아도 상관없지만 이 시기에는 슬슬 시작해주는 편이 좋습니다. 초등학교 입학 후엔 늦어서 그러냐고요? 아니에요. 오히려 외국어를 배우기에 가장 좋은 시기는 초등학교 때랍니다. 외국어를 관장하는 뇌의 영역이 발달하거든요. 그렇다면 왜 유치원 때 영어를 하라고 할까요? 나중에 실랑이를 하지 않기 위해서입니다. 아직은 엄마가 전부일 때라서 엄마가 읽어주는 영어책이 재미있고, 엄마가 보여주는 DVD가 재미있고, 원어로 보라고 해도 크게 거부하지 않는 나이거든요. 습관이 되고 영어 듣기가 편해지면 초등학생이 되어도 그대로 유지됩니다. 크게 반발하거나 힘들어하지 않아요. 게다가 (어느 정도 큰 아이들이 읽기 싫어하는) 보물 같은 영어 그림책을 가장 많이 읽는 시기이기도 하고요. 개인적으로는 가장 그리운 시절입니다. 학업의 부담이 없었고, 신체의 자유는 많았고, 무엇보다도 엄마에 대한 전폭적인 신뢰가 가득했던 때였으니까요. 말썽을 부리고 속을 썩이고 엄마한테 대들다가도 막상 엄마가 보이지 않으면 얼굴이 파래지던, 아직은 엄마의 말이 세상의 전부인 아이들이었으니까요. 그때의 아이들이 너무나 보고 싶어서 마음이 저릿저릿해지는 날이 올 테니 영어를 못 읽는다고, 왜 몇 번을 가르쳐도 모르냐고 구박하지 마세요. 10년 뒤에 눈물이 납니다. 이런 시기는 다시 오지 않습니다.

엄마표 영어 읽어주기

리더스 읽어주기

'리더스'란 읽기 교육에 목적을 두고 어휘와 문장 수준을 고려해 단계별로 만든 '읽기책'이에요. 따라서 영어책을 체계적으로 읽어주기에는 리더스가 편합니다. 영어책을 고르고 난이도를 알아보는 일이 고충인 엄마들에게는 고마운 책이지요. 학습지나 교재보다는 내용이 재미있기도 하고요.

가장 대표적인 초기 리더스로는 '런투리드Learn To Read'와 'ORTOxford Reading Tree'가 있습니다. 스토리 면에서는 등장인물과 사건이 흥미로운 ORT가 돋보이고, 런투리드는 수학, 과학, 사회, 언어 영역의 기초 어휘를 익힌다는 점에서 의미가 있어요. 무엇을 먼저 보아야 한다고 말하기는 어려워요. 다른 종류의 책이니까요. ORT는 책 자체만으로도 재미있고, 런투리드는 다양한 방법으로 활용하면서 재미를 느낄 수 있지요. 쑥쑥닷컴 엄마표 자료실에서 런투리드와 ORT를 활용한 엄마들의 다양한 영어 놀이를 볼 수 있어요. 재미있어 보이는 활동을 골라 응용해 보세요.

쑥쑥닷컴

⁝ 런투리드(왼쪽)와 ORT(오른쪽) 구성 중 일부.

그 외에도 다양한 리더스가 있습니다. 아이가 ORT를 좋아한다고 해도 그것만 읽히기보다는 여러 가지 시리즈의 책을 읽어주는 편이 좋아요. 작가마다 자주 쓰는 문체와 단어가 달라 어휘와 문장을 폭넓게 익힐 수 있거든요. 한 명보다 여러 사람을 만나 이야기를 나누다 보면 더 많은 표현을 배울 수 있는 것처럼요.

'Hello Reader'나 'Step into Reading'도 좋은 리더스입니다. 다만 그 안에 수십 권의 책이 있기 때문에 선택하기가 어렵지요. 전부 다 읽히려면 부담도 될 테고요. 이 시기의 아이들은 반복을 좋아해요. 또 반복을 해야만 합니다. 그렇기 때문에 모든 시리즈를 다 읽을 필요도 없고 각각의 시리즈 안에 있는 책을 전부 다 읽어줄 필요도 없어요. 굳이 전집을 사지 않아도 된다는 말입니다. 다양한 시리즈의 책을 읽히되 그중에서 아이가 좋아할 만한 것을 몇 권씩 골라 반복해주세요. 예를 들어 Hello Reader 20권, Step into Reading 20권, ORT 20권… 이런 식으로요.

우선 아이가 좋아하는 책을 고르도록 합니다. 평소 아이의 독서 습관을 살펴보면 유난히 관심을 보이는 책이 있을 거예요. 그런 책들의 공통점을 찾아봅니다. 자연 관찰을 좋아할 수도 있고 웃긴 이야기를 좋아할 수도 있어요. 선명한 그림을 좋아하기도 하고 동물을 찾기도 합니다. 우선은 아이가 좋아할 만한 책을 읽어주고 나서 그다음에 엄마가 읽어주고 싶은 책을 고릅니다. 베스트셀러여도 엄마의 손이 가지 않는 책은 읽어줄 때 불편한 마음이 그대로 드러나요. 엄마가 재미있게 느끼는 책은 듣기에도 편하고요. 그렇게 엄마가 편한 책, 아이가 좋아할 만한 책을 섞어서 읽어주세요.

영어 한 줄, 한글 번역, 또 영어 한 줄, 한글 번역. 이렇게 읽어주면 아이는 영어로 읽어줄 때는 귀를 닫고 있다가 한글로 번역해줄 때 귀를 열겠지요. 엄마는 영어책을 읽어주었다고 생각하지만 아이는 한글책을 들은 거예요. 영어책을 읽어줄 때는 해석이 아닌 이해를 목표로 해야 합니다. 내용을 이해하는 길이 반드시 글자일 필요는 없어요. 엄마의 목소리, 그림에 대한 설명, 자신의 경험 등이 어우러지면서 내용을 파악하게 됩니다. 예를 들어 "Grandma is sick. She's in bed"라는 문장을 읽고 "할머니가 아파서 침대에 누워 있다"라는 해석으로 끝내지 않고 "할머니가 아프니 얼마나 주인공의 마음이 아플까? 나도 우리 할머니가 아프면 눈물이 나는데……" 하는 마음이 드는 것처럼요. 무슨 글자를 읽었는지가 아닌 무슨 이야기를 읽었는지 이해하는 독서를 했으면 합니다. "He met the man who lived next door"라는 문장을 읽고 "He met the man. 근데 그 사람이 어떤 사람이래? who lived next door라는데?" 하고 물어보는 거지요. 만약 next door가 뭔지 몰라서 망설이면 "우리 집이 102호잖아. 그럼 101호가 next door겠지?" 하고 해석이 아닌 이해를 시키는 겁니다.

그림을 그리면서 단어를 알려주는 방법도 있어요. 제가 아이와 과학 관련 책을 읽을 때 주로 사용했던 방법입니다. 'claw'라는 단어가 나왔을 때 노트에 쓰고 옆에 그림을 그립니다. 또 읽다가 'scale'이 나오면 물고기를 그리고 비늘을 그려요. 개를 그리고 무시무시하게 삐쭉삐쭉 'fang'을 그렸습니다. 책을 다 읽고나선 이 노트만 다시 보면서 짧게 복습했어요. 무엇인지 안다며

영어 단어 옆에 아이가 한글로 적었네요. 아마 fang은 우리말로
무엇인지 몰랐나 봐요. 하지만 그림으로 익혔기에 호랑이든 개
든 드라큘라든 뱀이든 보면 fang을 찾아낼 수 있습니다.

• 그림을 그리면서 단어를 알려주는 방법.

추천 리더스

ORT by Various
사랑스러운 주인공 가족과 함께하다 보면 저절로 단계가
올라갑니다. 허를 찌르는 반전은 항상 유쾌하고, 특히 5단
계부터 시작되는 Magic Key 모험은 기대를 결코 저버리
지 않지요.

Fly Guy by Tedd Arnold
영리한 파리를 애완동물로 키운다는 기발한 생각. 더러울
수록 재미있어져요. 큼지막한 그림과 글씨. Fly Guy의 움
직임을 점선으로 따라가며 ZZZ 소리를 내보세요.

Learn To Read

by Various

Step into Reading 1~2

by Various

Little Critter First Readers Level 1

by Mercer Mayer

Time to Discover Scholastic Readers

by Melvin Berger, Gilda Berger

My First I Can Read

by Various

Hello Reader Level 1~2

by Various

Pete the Cat

by Eric Litwin, James Dean

그림책 읽어주기

글 읽기를 배우고 레벨 올리기까지 생각한다면 리더스가 무난하지만 영어를 언어라는 관점에서 보고 독서를 독서답게 해야 한다고 생각한다면 그림책도 읽어주는 편이 좋습니다. 작가의 개성과 의도가 뚜렷한 책을 많이 읽다 보면 감성과 창의성도 좋아지고 책과 사랑에 빠지게 되거든요. 그래서인지 엄마표 영어를 한 아이들이 커서도 소장하고 싶어 하는 책은 리더스나 챕터북이 아닌 그림책이더라고요. 10년도 더 전에 읽었던 그림책을 보며 "내가 진짜 좋아했었는데……"라며 미소를 짓더군요.

그림책을 읽어줄 때는 단어 하나, 문장 한 줄보다는 그림과 분위기에 젖어들었으면 해요. 작가가 하고 싶은 말이 무엇인지, 그림이 전달하고자 하는 바가 무엇인지 아이가 느낀다면 단어 하나, 문장 한 줄을 정확히 해석하는 것보다 더 넓은 이해력을 가지게 됩니다. 『Love You Forever언제까지나 너를 사랑해』의 책장을 넘기다가 아들이 늙고 약해진 엄마를 안아주는 장면을 보고 마음이 찡하고 코끝이 시큰한, 그런 이해 말이지요.

하지만 엄마들은 그림책 읽어주기를 두려워합니다. 접해보지 않아서 그렇기도 하고, 의외로 어렵기 때문이기도 합니다. 어린이 책인데 모르는 단어가 나오면 무척 당황스럽지요. 내 수준이 이렇게 형편없었나? 부끄럽기도 하고요. 그러나 앞서 말했듯이 그림책은 전체적인 느낌을 잘 살려서 읽어주면 되는 거예요. 모르는 단어가 나와도 괜찮아요. 문장이 낯설어도 괜찮아요. 저도 무슨 뜻인지 모르고 읽어준 그림책이 한두 권이 아닙니다. 솔직히 우리가 한글책은 다 알고 읽을까요? 시는 또 얼마나 어려워요? 딸아이가 중학생 때 백석 시인의 '나와 나타샤와 흰 당나귀'가 좋다고 해서 한번 읽어보았는데 무슨 말인지 알 수가 있어야지요. 그럼에도 불구하고 뭔가 멋지고 아름답다는 느낌이 들고 읽을수록 시인의 마음이 이해가 되었어요. 아이들에게 그림책은 그런 것일지도 모르겠네요. 그래서 자꾸만 자꾸만 보고 싶은 건지도……. 엄마가 다 알아야 한다고 생각하지 마세요. 다 이해하지 못해도 함께 읽고 생각을 나눌 수 있다면 그것만으로도 엄마표는 가능합니다. 제가 엄마표 영어를 하면서 정말 많이 했던 말 중 하나가 바로 "엄마도 몰라~"였으니까요.

4~7세는 책 자체를 반복해야 하는 시기예요. 어휘 확장을 위해 다독을 시키고 싶은 마음은 이해하지만 아이는 책 하나하나를 충분히 보아야 합니다. 수십 번씩 읽어준 책인데도 엄마는 그 책 귀퉁이에 있는 그림을 발견하지 못하더라고요. 글씨에만 집착하는 엄마와 달리 아이는 그림, 색, 책의 질감과 크기, 글자의 모양까지 모두 관찰합니다. "또? 이거 많이 읽었잖아. 그만 읽고 다른 거 읽자"라고 하는 건 엄마의 기준이에요. 충분히 다 보았다는 생각이 들면 아이가 더 이상 보려고 하지 않을 거예요. '아직 다 못 보았나 보다' 생각하고 원 없이 읽어주세요.

아무리 그래도 입에서 단내가 나도록 읽고 또 읽고 외울 때까지 읽어주면 지겹고 지치겠지요? 그러나 엄마에게 그보다 더 좋은 영어 공부법이 없답니다. 지금까지 살면서 책의 모든 문장을 외울 정도로 열심히 영어 공부를 한 적이 있던가요? 아이 덕분에 엄마는 제대로 된 영어를 이제야 공부하는 셈입니다. '내 공부다'라고 생각하면서 반복의 시기를 이겨내세요. 조금씩 유창해지는 스스로의 모습이 기특하게 여겨질 거예요.

그림책은 리더스와는 달리 단행본이 많아서 선택하기가 어려워요. 도서관을 이용한다면 직접 책을 펼쳐보고 고르세요. 수준별로 꽂혀 있지 않아 일일이 다 펼쳐보아야 하지만 그런 과정이 있기에 눈에 익는 책도 생기고 다음 책을 고를 때 편리해지기도 합니다. 또 도서관에서 펼쳐보았던 책을 온라인 서점에서 만나면 반갑게 들여다보게 되고요. 이런 과정들이 다 경험으로 쌓여 나만의 노하우가 된답니다. 맨날 "책 추천해주세요!"라고 손가락으로 타이핑만 하고 있는 엄마는 발전하기가 어려워요. 온라인 서점을 이용해야 한다면 '웬디북' 또는 '아마존'에서 책을 미리 볼 수 있으니 내용과 수준을 먼저 확인해보세요.

- 웬디북 wendybook.com
- 아마존 books.amazon.com

가장 대중적인 그림책은 '노부영(노래 부르는 영어동화)'이에요. 노래가 있어 지겹지 않고 아이가 따라 부르기도 쉽고요. 노부영은 작가 이름이나 특정 시리즈가 아닙니다. 각각의 단행본을 노래로 만들고 그런 책들을 모아 '노부영'이라고 이름 붙인 거예요. 그러니 한꺼번에 전부 구입할 필요가 전혀 없습니다. 딱히 순서도 없고 다 볼 필요도 없어요. 재미있어 보이는 것을 매달 몇 권씩 구입하거나 빌려 보는 편이 좋겠지요.

그림책 고르기

무엇을 읽어주어야 할지 아무것도 모를 때는 무조건 '검색'이 답입니다. '노부영', '영어 그림책', '5세 영어', '엄마표 영어', '영어책 읽어주기' 등 궁금한 내용을 검색해 블로그나 카페의 글을 읽어보세요. 상업적인 사이트보다는 엄마들의 순수 진행기가 더 솔직하겠지요? 찾아보다가 마음에 드는 책이 있으면 얼른 메모를 하거나 온라인 책장에 담아두세요. 나중에 책을 구입하거나 빌릴 때 유용합니다.

'시행착오'를 두려워해서는 안 됩니다. 어떤 책을 골라야 할지 모른다면 다음과 같은 이유 때문이겠지요. 책을 고르기가 귀찮거나 실패가 두려워서요. 책을 고르기가 귀찮다면 안타깝게도 엄마표가 맞는 분은 아니에요. 좋은 점수는 받고 싶지만 공부하기 싫은 상태와 마찬가지입니다. 해야 하는 걸 알고 있지만 의지가 없는 사람에게 의지를 불어넣어주는 것은 신도 하지 못할 일이거든요. 책조차 고르기 귀찮다면 엄마표는 아무래도 어렵습니다.

그러나 실패가 두려워 책을 고르지 못하고 망설인다면 그만한 시간 낭비가 없어요. 제가 처음으로 구입했던 노부영은 『Twenty-Four Robbers』(Audrey Wood)였답니다. 누가 저에게 '첫' 책으로 알맞은 책을 추천해달라면 절대 추천하지 않을 책이지요. 그러나 저와 딸아이는 이 책이 너무 재미있었어요. 아마 아이는 내용 파악도 제대로 못했겠지만요. 그럼에도 흥겨운 음악에 맞추어 "H.O.T hot pepper~!"를 목청껏 외쳤어요. 십수 년이 지난 지금 혹시 그 책이 기억나냐고 물으니 역시나 "H.O.T hot pepper~!"를 흥얼대네요. 그때 책을 배송 받고선 '나한테도 아이한테도 좀 어렵나?'라고 생각했고 '다음 책은 조금 더 쉬운 걸로 골라야겠다'라고 결심했습니다. 실패인 책은 없어요. 다음 책을 사는 데 도움을 주는 책만 있을 뿐입니다. 그러니 잘못 고를까 봐 두려워 아무것도 읽어주지 않는다면 무조건 손해입니다.

엄마가 발음에 자신이 없을 때 구세주처럼 짠! 하고 등장한 것이 있지요? 펜으로 꾹 찍기만 해도 원어민 발음으로 읽어주다니 '세이펜'이나 '팝펜'은 엄마에게 무척 매력적인 아이템이 아닐 수 없습니다. 엄마의 못난 발음을 들키지 않아도 되고, 목 아프게 읽어주지 않아도 되고, 무엇보다 아이에게 매여 있지 않아도 되니 얼마나 좋아요. 그러나 세이펜의 활용은 글자를 읽어준다는 표면적인 목적에만 도달할 뿐 핵심이 빠져 있어요. 만약에 로봇이 아기를 안고 우유를 먹인다고 생각해보세요. 영양 공급에는 아무런 문제가 없겠지요? 그러나 정말 중요한 사랑이 빠져 있기에 아기는 건강하게 잘 자라지 못할 겁니다. 미국의 심리학자 해리 할로우^{Harry Harlow}의 '수건 엄마와 철사 엄마 실험'을 통해 알 수 있듯이(태어난 지 얼마 되지 않은 아기 원숭이는 철사 엄마에게서 나오는 우유를 먹으면 소화시키지 못하고 설사를 했다고 합니다) 엄마는 만져주고 안아주는 존재여야 한다는 거지요. 기계적으로 책만 읽어주는 표면적인 엄마표가 아니라 따뜻한 엄마의 손길과 목소리가 필요합니다. 물론 엄마가 함께 책을 보면서 펜을 찍고 대화를 나누는 정도는 괜찮습니다. 소리만 빌리는 거니까요. 세이펜을 사야 하는지 고민이라면 다음과 같은 점을 고려했으면 합니다.

첫째, 세이펜은 보조 도구로만 사용해야 합니다. 가능하면 엄마가 책을 읽어주되 너무 힘들거나 급한 일이 있을 때 아주 잠깐 도움을 받는 용도로 말이지요. 세이펜이 모든 책을 다 읽어주리라는 기대는 버리는 게 좋아요. 아이는 책을 듣고 싶은 게 아니에요. 책을 읽어주는 엄마가 필요합니다.

둘째, 세이펜은 장난감으로 여겨질 가능성이 큽니다. 책의 내용을 집중해서 듣기보다 그저 찍고 소리가 나는 일에 재미를 느끼는 아이들이 있어요. 제대로 활용하지도 못하고 장난감으로 전락하지는 않을지 생각해보아야겠지요.

셋째, 스티커 작업이나 음원을 넣는 등의 작업은 엄마가 직접 해야 합니다. 부지런하지 않은 엄마는 사놓고도 방치할 가능성이 크다는 말이지요. 세이펜을 활용하는 엄마들의 활용기를 꼼꼼히 찾아 읽어보고 최소한의 노동을 감당할 자신이 있을 때 사용해야 하지 않을까요?

Kitten's First Full Moon
by Kevin Henkes

My Mum and Dad Make Me Laugh
by Nick Sharratt

We're Going on a Bear Hunt
by Helen Oxenbury, Michael Rosen

Not a Box
by Antoinette Portis

The Dot
by Peter H. Reynolds

The Very Busy Spider
by Eric Carle

Here Are My Hands
by Bill Martin Jr., John Archambault, Ted Rand

My Dad
by Anthony Browne

What's the Time, Mr. Wolf?
by Annie Kubler

How Do You Feel?
by Anthony Browne

Mix It Up
by Herve Tullet

My Crayons Talk
by Patricia Hubbard, G. Brian Karas

They All Saw A Cat
by Brendan Wenzel

The Color Monster
by Anna Llenas

Peanut Butter and Jelly
by Nadine Bernard Westcott

Excuse Me
by Karen Katz

The Wide-Mouthed Frog
by Keith Faulkner, Jonathan Lambert

Max at Night
by Ed Vere

I Am the Music Man
by Debra Potter

Five Little Monkeys Jumping on the Bed
by Eileen Christelow

Don't Push the Button!
by Bill Cotter

Don't Touch This Book!
by Bill Cotter

Duck! Rabbit!
by Amy Krouse
　　Rosenthal,
　　Tom Lichtenheld

Today Is Monday
by Eric Carle

The Very Hungry Caterpillar
by Eric Carle

When Sophie Gets Angry– Really, Really Angry…
by Molly Bang

Seven Blind Mice
by Ed Young

Snow
by Uri Shulevitz

My Friends
by Taro Gomi

The Runaway Bunny
by Margaret Wise
　　Brown,
　　Clement Hurd

Little Blue Truck
by Alice Schertle,
Jill McElmurry

 Click, Clack, Moo Cows That Type
by Doreen Cronin,
Betsy Lewin

 There Was an Old Lady Who Swallowed a Fly!
by Lucille Colandro,
Jared D. Lee

 The Happy Day
by Ruth Krauss,
Marc Simont

 From Head to Toe
by Eric Carle

 Silly Sally
by Audrey Wood

 Do You Want to Be My Friend?
by Eric Carle

 I'm a Frog!
by Mo Willems

 The Wonderful Things You Will Be
by Emily Winfield Martin

 Press Here
by Herve Tullet

Room on the Broom

by Julia Donaldson,
Axel Scheffler

Don't Do That!

by Tony Ross

There Are No Cats in This Book

by Viviane Schwarz

Shh! We Have a Plan

by Chris Haughton

엄마표 영어 함께 읽기

아이는 엄마와 함께 책을 읽으며 읽는 법을 익힙니다. 글씨 읽는 법만 배우는 게 아니라 어떻게 책을 즐기며 읽는지, 생각하며 읽는 법이 무엇인지 터득하게 되지요. 천재성을 보이며 어느 날 갑자기 글을 줄줄 읽어 내려가는 아이가 간혹 있긴 하지만 대부분의 아이들은 읽기 독립의 길로 아주 서서히 향합니다.

건너뛰며 읽기

글이 많은 경우 아이가 긴 글을 인내하지 못하고 중간에 자리를 뜨거나 몸을 비틀 때가 있지요. 엄마는 모든 글자를 다 읽어야 한다는 강박에 속도를 높이거나 아이를 잡아끌게 됩니다. 차라리 중간중간 문장을 건너뛰며 압축해서 읽어주세요. 그러면 일단은 끝까지 다 볼 수 있으니 다음에 다시 볼 확률이 높아집니다. 두 번째 볼 때는 한 번 봐서 아는 거라고 좀 더 진득하게 듣기도 하고요. 처음 가는 길은 멀게 느껴지지만 그다음에 가면 가깝게 느껴지는 것처럼요. 꼼지락대고 지루해하면 다음의 예시처럼 밑줄 친 큰 스토리 라인만 읽고 넘겨도 괜찮아요. 더 줄여도 상관없어요. 책장이 획획 넘어가면 얼떨결에 듣고 있답니다.

『Smelly Socks』의 한 장면.

끊어 읽기

엄마가 아이에게 영어책을 읽어줄 때 종종 보이는 버릇이 있어요. 아는 단어는 마치 한 단어인 양 랩을 하듯 붙여 읽다가 낯선 단어가 나오면 갑자기 뚝뚝 끊어 읽는 거지요. 문장을 읽을 때는 의미 덩어리로 읽어주세요. 그렇지 않으면 내용을 이해하기가 상당히 어려워집니다. 저도 요즘 유행하는 힙합 음악은 가사를 보지 않으면 10%도 이해하지 못하겠더라고요. 도대체 어디서부터 어디까지가 한 문장인지 알 수 없으니 말이에요. 우리는 랩을 하는 것이 아니니 되도록 정확하게 끊어 읽어서 이해가 잘되도록 도와주어야 합니다. 쉬운 단어, 아는 단어가 나왔다고 그 부분만 빠른 속도로 붙여 읽지 말고요.

『Arthur's Homework』의 한 장면.

"Today is the day," / said Arthur /on Wednesday.//

"I have to think of an idea /for my project."//

But after school/ Binky stopped by /and asked Arthur to come to his house, / He needed a hand/ with his History of Elwood City poster.//

A hand-and a body, too!//

"You're a life saver," / Binky told Arthur.//

Before Arthur knew it, / Wednesday afternoon was gone.//

- 쉼표, 대시 등 부호가 있는 곳은 한 번 끊어주어야 합니다.(/)
- 따옴표 안에 있는 대화체가 끝나면 역시 한 번 쉬어줍니다.(/)
- 시간이나 장소를 나타내는 부사나 부사구 앞뒤에서 끊어주면 주어와 동사로 이루어진 중심 문장이 더 부각되어 이해가 잘된답니다.(/)
- 전치사 앞에서 끊어 읽는 것이 나쁘지는 않지만(/) of 같은 경우는 끊으면 오히려 이상해지는 경우가 많으니 그냥 읽는 게 좋습니다.
- 마침표가 있는 곳은 한 템포 완전히 쉬어야 합니다.(//)

단어 넘겨주기

아이가 읽기에 관심을 보이면 한 단어씩 넘겨주기를 시작해 보세요. 예를 들어 ORT에서 처음으로 아이에게 넘겨주기 좋은 단어는 "Oh, no!"예요. 마지막 반전에 많이 등장하거든요. 엄마가 읽어주다가 마지막 장에 가서 아이에게 읽어보라고 시킵니다. 이미 "Oh, no!"가 나올 줄 알고 있는 아이는 망설이지 않고 "Oh, no!"를 외치겠지요. 그때 손가락으로 글자를 짚어줍니다. "O로 시작하니까 Oh!, N은 어떨까? 'ㄴ' 소리가 나지?"라고 하면서 파닉스를 가르쳐주세요. 이어서 같은 방식으로 등장인물의 이름을 알려줍니다. 이것만으로도 책의 3분의 1은 읽는 셈이니까요. 반복해서 나오는 단어를 하나씩 하나씩 아이가 읽도록 권한을 넘겨주는 겁니다. 그리고 사이트 워드^{Sight word}로 넘겨주기를 시도하면 됩니다. 파닉스를 생각하지 않고 딱 보는 순간 읽게 되는 단어 말이에요. 워낙 자주 등장하기 때문에 사이트 워드를 먼저 익히면 벌써 책의 절반은 아는 단어가 되어버려요. 자신감이 붙고 읽어볼 만하다는 용기가 생기지요. "이번에는 my가 나올 때마다 네가 읽는 거야" 하면서 my가 나오는 부분에서 엄마는 입을 다물고 손가락으로 my를 가리키세요. 엄마가 의도적으로 사이트 워드부터 단어 넘겨주기를 하면 읽기가 수월하게 시작됩니다.

기초 사이트 워드 100

a	about	all	an	and	are	as	at	be	been
but	by	called	can	come	could	day	did	do	down
each	find	first	for	from	get	go	has	have	had
he	her	him	his	how	I	if	in	into	is
it	like	long	look	made	make	many	may	more	my
no	not	now	number	of	oil	on	one	or	other
out	part	people	said	see	she	sit	so	some	than
that	the	their	them	then	there	these	they	this	time
to	two	up	use	was	water	way	we	were	what
when	which	who	will	with	words	would	write	you	your

한 페이지씩 번갈아 읽기

사이트 워드가 눈에 익으면 이제 한 페이지에 한 줄짜리 책부터 번갈아 읽어보세요. 많이 읽어주었던 책으로요. 이미 많이 들어서 아는 내용으로 소리에 맞추어 글자를 깨치게 하는 겁니다. "엄마가 왼쪽, 네가 오른쪽" 이런 식으로 정해서 읽습니다. '런투리드'나 『Brown Bear, Brown Bear, What Do You See?』, 『My Friends』처럼 반복 문장이 많은 책이 좋아요. 책 내용을 거의 외우기 때문에 이때 손가락으로 단어를 짚으면서 읽으면 서서히 파닉스를 익히게 됩니다. 페이지 선택권을 아이에게 주면 더 적극적으로 읽을 수 있을 거예요.

모르는 단어만 엄마가 알려주기

사이트 워드도 익히고 파닉스 규칙도 조금씩 적용할 줄 안다면 이제 남은 것은 모르는 단어입니다. 아이가 주로 읽고 엄마는 모르는 단어만 도와주세요. 모르는 단어가 책마다 한두 개 정도만 나오면 좋겠지요. 아직은 읽기 독립에 들어간 것이 아니니까요. 때로는 파닉스를 아는데도 아예 읽으려는 시도를 하지 않는 경우가 있어요. 스펠링이 많은 단어일 때 그렇지요. 그러면 일단 읽어주고 다음번에 그 책을 읽을 때 첫 소리를 내게 합니다. 그러고 나서 한두 글자씩 보여주며 읽어나가게 도와주세요. 만약 'volcano'라면 'v~, vol~, volca~, volcano~' 이렇게 앞에서부터 누적시키며 읽게 해도 되고, 'vol~, cano~, volcano~' 이렇게 나누어 읽은 뒤 합쳐도 됩니다. 저도 영어책을 읽다가 처음 보는 긴 단어가 나오면 당황스러워 건너뛰고 싶어요. 아이나 어른이나 똑같아요. 그래서 어린아이와 같은 방법으로 한두 글자씩 순차적으로 읽어봅니다. 역시 이 방법밖에 없으니까요.

재미있는 방법으로 읽기

책을 꼭 정자세로 앉아서 읽어야 할까요? 책 읽는 데 주문이 너무 많아요. 허리 똑바로 펴고 읽어라, 너무 가까이 보지 마라,

움직이지 마라, 먹으면서 보면 어떡하니… 아이가 하루 종일 책만 보는 책벌레라면 모를까 잠깐씩 불량한 자세로 본다고 큰일이 나는 것도 아닌데 말이에요. 딱딱한 자세를 고집하면 오히려 독서에 대한 딱딱한 이미지만 안겨주지 않을까요? 차라리 재미있는 경험을 하면서 읽으면 좋겠어요. 책을 좋아하게 만드는 것, 엄마와의 독서 시간이 기다려지게 만드는 것이 핵심이니까요. 다음과 같이 다양한 방법을 써보세요.

- 따옴표만 읽기
- 돼지코로 읽기
- 목소리 바꿔 읽기(괴물, 할머니, 아기, 외계인 등을 흉내 내며)
- 한 페이지는 사자 소리로, 한 페이지는 개미 소리로 읽기
- 몰아주기 영상 찍기(책 읽는 사람은 예쁘게, 아닌 사람은 못생기게)
- 누가 더 빠르게 읽는지 시간 재기
- 한쪽 다리 들고 읽기
- 읽다가 틀리면 상대방 얼굴에 스티커 붙이기

독후 활동 선택하기

독후 활동이 걱정되나요? 수많은 사이트에서, SNS에서, 학원에서, 멋진 작품이 쏟아져 나오는 것을 구경한 적이 있다면 그

런 생각이 무리는 아닙니다. 활동지를 하거나, 미니북을 만들거나, 인형을 제작해 역할극을 해야 하나 싶어서 말이지요. 혹시라도 이런 이유 때문에 엄마표 영어를 망설인다면 이제 고민을 뚝! 떨구어도 됩니다. 우리가 '액티비티'라고 부르는 활동은 주 요리가 아니라 디저트예요. 물론 맛있는 디저트를 먹으면 기분이 좋지요. 하지만 본래 주 요리가 더 든든하고 맛있어야 하는 법이잖아요. 활동이 아니라 독서가 중심이 되어야 해요. 아직 주 요리의 맛을 제대로 모르는 아이들은 디저트를 먹기 위해서 주 요리를 먹기도 하지만 그게 일상이어서는 안 됩니다. 활동은 선택이고 독서는 필수랍니다. 그러니 독후 활동에 너무 스트레스 받지 마세요. 책만 재미있게 읽어주어도 완벽합니다.

온라인 카페에서 워크시트나 활동 자료 등을 받아 독후 활동을 하기도 합니다. 색다른 놀이에 아이는 즐겁게 참여하지요. 그러나 어느 순간 이것이 공부라고 느껴지거나, 자신이 아닌 엄마의 활동이라고 느껴진다면 언제라도 아이는 하기 싫다고 말할 겁니다. 이왕 받은 자료라 전부 다 시키고 싶고, 하다 보니 하나둘 추가하게 되고, 다른 아이들도 하는데 우리 아이는 왜 못하나 싶어 허덕대면서도 숙제를 냅니다. 독후 활동 자료를 제공하는 곳에서는 각각 아이들의 수준을 몰라요. 꼭 맞는 활동 자료를 개인별로 만들어주지도 않고요. 어디까지나 아이가 원할 때, 원하는 만큼만 하는 것을 원칙으로 했으면 합니다. 독후 활동이 귀찮아서 책까지 싫어지면 안 되니까요.

엄마표 영어 스스로 읽기

어떤 아이들은 일찍 글자에 관심을 보이지만 또 다른 아이들은 아무리 자극을 주어도 도통 글을 읽으려 하지 않지요. 이것은 아이의 지능이나 앞으로의 성적과는 크게 관련이 없어요. 그러니 '몇 살쯤 읽기를 시켜야 할까?'에 대한 고민은 잠시 넣어두었다가 아이가 "이건 뭐야?", "어떻게 읽어?", "나 이거 알아!" 하고 참견하거나 글자에 관심을 보이면 서서히 읽기 준비를 하는 편이 좋습니다.

엄마표 영어에서는 글자와 소리의 관계를 학습하는 파닉스를 꼭 해야 한다고 하지 않아요. 많이 읽어주면 내용을 이해하고, 내용을 이해하면 단어를 알고, 단어를 알면 그 단어를 구성하고 있는 글자 하나하나를 유심히 보게 됩니다. 그렇게 눈에 익어 통글자로 읽게 되는 경우가 많아요. 또 엄마가 함께 읽기를 하면서 아이가 스스로 읽을 기회를 조금씩 늘려주면 어느 순간 더듬더듬 혼자 읽는 날이 옵니다.

아이가 혼자서 읽게 되었다고 해도 엄마가 조금 더 오래 읽어주었으면 해요. 책은 읽기만 할 때보다는 함께 나눌 때 더 깊이 이해되고 더 오래 기억되거든요. 엄마와 함께 읽으면서 나누었던 대화는 아이의 정서 발달과 인성 교육에 단단한 기초가 되어 줄 거예요. 저와 아이들도 이 시간을 통해 정말 많은 대화를 했고, 엄마로서 알려주어야 하는 것들을 차분차분 설명해주었다고 생각해요. 어린이 책은 어린이와 나누어야 할 내용으로 가득하니까요. 물론 엄마의 도움 없이 혼자 읽기가 가능한 '읽기 독립'이 되면 날마다 읽어줄 필요는 없어요. 하지만 좋은 책을 주기적으로 함께 읽는 건 바람직한 시간이 될 겁니다. 마치 정해진 시간 안에 업무를 끝내야 하는 회사원처럼 빠르게 읽고 탁! 탁! 탁! 책을 쌓으면서 오늘 할 일이 끝났다고 여기지는 않았으면 좋겠어요.

사이트 워드 읽기

엄마표 영어를 유아 때부터 시작했다면 적어도 1~2년 이상 읽어주고 함께 읽기도 하면서 사이트 워드와 파닉스를 대략 익히게 됩니다. 그렇게 연습이 되면 한 권씩 혼자 읽기를 시도해보는 거지요. 이때 굉장히 쉬운 책, 즉 "나를 대체 뭘로 보고 이런 아기 책을!"이라고 콧방귀를 뀔 만한 책을 건네주세요. ORT 1~2단계, Hello Reader 1단계 등 리더스 첫 단계의 책이 무난하며 사이트 워드만을 집중적으로 연습하는 Sight Word Readers를 읽게 해도 됩니다. 함께 읽기와 혼자 읽기를 4:1→3:2→2:3→1:4로 혼자 읽기의 비율을 점차 높여가세요. 함께 읽기용 책의 수준이 혼자 읽기용 책보다 더 높아야 한다는 사실만 기억하면 무리 없이 진행할 수 있습니다.

파닉스 익히기

한글도 교재 없이 그냥 읽게 된 아이들이 많아요. 그림책을 읽다가, 과자 봉지를 보다가, 좋아하는 공룡 카드나 캐릭터 이름을 외우다가 말이지요. 그러나 이러한 시도 없이 어린 나이에 교재를 시작하면 저절로 한글을 뗄 수 있는 기회를 잃어버리게 됩니다. 영어도 마찬가지예요. 이미 파닉스 규칙을 눈치챈 아이들은 굳이 따로 배우지 않아도 괜찮아요. 난독증의 경우처럼 파닉스 교육이 꼭 필요한 상황도 있지만 대부분의 아이들은 자연스럽게 글을 읽게 됩니다.

저도 그때는 꼭 해야 하는 줄 알고 큰아이에게 파닉스 교재를 시켜보았어요. 그런데 이미 자연스럽게 책을 읽기 시작했던 터라 자음과 모음 부분은 별 도움이 되지 않더라고요. 하지만 이중 자음과 이중 모음 부분은 한번 짚고 넘어가는 것이 도움이 되었다고 생각해요. 그럼에도 불구하고 작은아이에게는 시키지 않았어요. 엄마가 책을 읽어줄 때 은근슬쩍 알려주어도 충분하다는 사실을 알았기 때문이에요. 다만 시간이 부족해 많은 책을 읽어줄 수 없는 경우나 한글을 유창하게 읽어 이미 글자와 소리의 관계를 아는 경우에는 빠른 읽기로의 진입을 위해 파닉스 교육을 하기도 합니다.

이 연령대에서 군이 파닉스를 한다면 교재보다는 놀이처럼 할 수 있는 온라인 사이트의 활용이 더 좋습니다. Starfall(starfall.com)에서 Kindergarten으로 들어가 알파벳의 이름과 소리, 파닉스를 익히고 읽는 연습을 할 수 있어요. 놀이처럼 하다 보면 어느새 규칙을 알게 됩니다. 일부 콘텐츠는 유료로 전환되었지만 무료 콘텐츠만으로도 충분합니다.

: Starfall(위)과 Starfall Kindergarten(아래)의 첫 화면.

외워서 읽기

많은 엄마들이 "아이가 글자를 읽긴 읽는데 외워서 읽는지 알고 읽는 건지 모르겠어요"라고 푸념을 해요. 마치 외워서 읽으면 안 좋은 것처럼 말이에요. 외워서 읽기는 읽기로 가는 과정입니다. 억지로 외우라고 강요한 게 아니라 여러 번 읽어서 저절로 외우게 된 거라면 바람직한 현상이지요. 말하기 연습에 좋은 방법이기도 하고요.

큰아이가 처음 읽은 책은 런투리드의 『Under the Sky』였어요. 페이지마다 'Under the sky, there~'이 나오니 그냥 외우더라고요. 그래서 외운 문장을 단어마다 손가락으로 짚어가며 읽게 했어요. 그렇게 몇 번을 한 다음에 "under를 찾아볼까?"라고 했지요. 각 페이지마다 첫 문장의 첫 단어가 under라서 그런지 정말 잘 찾더라고요. "그럼 이번엔 the를 찾아볼까?"라고 하면 under 다음이 the여서 아이는 외운 순서에 맞추어 단어를 찾았습니다. 이처럼 게임을 하듯 손가락 읽기를 하면 외워서 읽기의 효과를 톡톡히 볼 수 있어요.

그림으로 힌트 얻기

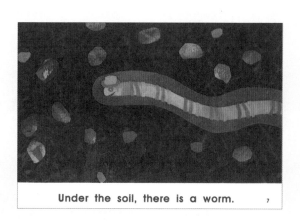

Under the soil, there is a worm. 7

: 『Under the Sky』의 한 장면.

외워서 읽든 파닉스를 적용해서 읽든 떠듬떠듬 읽어나가는 아이의 모습이 기특합니다. 문장을 읽다가 막히면 아이는 아마 그림을 볼 거예요. "Under the soil, there is a~" 하다가 worm 앞에서 딱 막혔다면 그림을 슬쩍 보고 '아, 이 꼬물거리는 건 worm이었지?'라고 생각할 거예요. 이렇게 반복하다가 그림을 가리고 "이제는 글씨만 보고 읽어볼까?" 하면 됩니다. 여기서 막히면 파닉스로 설명해주세요. "w로 시작하네. 그럼 무슨 소리가 나지?"라고 하면서요. 뜻도 모른 채 파닉스만 적용해서 worm을 읽기보다는 그림으로 힌트를 얻는 편이 훨씬 낫습니다. 역시 잘못된 방법이 아니라 읽기로 가는 과정이니까요.

몇 권 읽었는지 표시하기

일, 이, 삼이라고 수를 읽을 수 있어도 이것이 하나, 둘, 셋을 의미한다는 사실을 모르면 수 개념이 정확히 없는 거예요. 그런 아이가 몇 권 읽었다는 사실로 성취감을 느낄 수 있을까요? 얼마나 읽었는지 보이지 않기에 의지도 약해질 수밖에요. 그래서 책을 읽기 시작한 어린아이들에게는 스티커 붙이기가 도움이 됩니다. 잘해나가고 있다는 것이 눈에 바로바로 보이니까요.

1,000권 읽기든 3,000권 읽기든 목표는 엄마의 마음에만 품으세요. 아이는 그저 오늘의 읽기가 목표의 전부인 것처럼 느끼

면 됩니다. 이번 주나 이번 달까지만, 더 나아간다면 100권 읽기 정도까지의 목표만 보여주세요. 1,000권 읽기의 비밀입니다. 100칸 스티커를 붙이거나 도장 찍기를 위해 아이와 문구점에 가는 일도 큰 즐거움이었어요. 10개마다, 즉 책을 10권 읽을 때마다 독특한 스티커를 붙이거나 왕 도장을 찍게 해주세요. 책한 권당 무조건 스티커 하나라고 규정짓기보다는 어려운 책이라면 한 권이라도 스티커 두세 개, 쉬운 책이라면 서너 권에 스티커 하나처럼 융통성 있게 조절해야 합니다. 그래야 쉬운 책만보지 않고 도전 의지가 생기거든요. 저는 아직도 문구점에 가면지금은 필요하지도 않은 스티커에 자꾸만 눈이 갑니다. 사다가붙여주고 싶은 스티커만 보이고 그것을 붙여줄 만큼 작은 아이가 이제는 없다는 사실이 못내 섭섭하고 아쉽습니다.

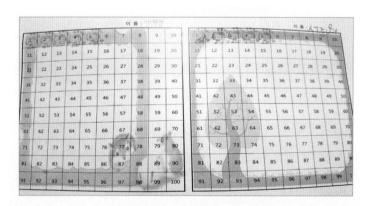

: 스티커 붙이기, 도장 찍기 등의 활동으로 아이가 몇 권의 책을 읽었는지 한눈에 살펴볼 수 있다.

엄마표 영어 듣기

왜 들어야 할까

의사소통은 듣기에서 시작됩니다. 듣고 이해해야 상대방의 의중을 알고 함께 어울릴 수 있거든요. 만약 말을 못한다고 하더라도 "Do you want to play with me?"를 알아듣는다면 고개만 끄덕여도 함께 놀 수 있어요. 그러나 멍하니 쳐다보기만 한다면, 또는 자기가 하고 싶은 말만 한다면 당연히 함께하기 어렵겠지요.

영어에 관해서라면 읽기만 하고 듣지 못하는 사람이 많습니다. 영화를 볼 때 자막이 있어야만 영어가 들리는 경험을 해보았을 거예요. 소리에 익숙해지지 않으면 시각에만 의지를 하게 되거든요. 많이 듣지 못했던 과거가 계속해서 발목을 잡는 느낌입니다. 들어야만 소리를 흉내 내어 말할 수 있어요. 옛날이야 듣기 자료가 별로 없어서 발음 기호를 보고 연습했다지만 요즘은 듣기 자료가 사방에 널려 있잖아요. 듣지 않을 이유가 없습니다. 개인기로 성대모사를 하려고 해도 수없이 먼저 들어야 해요. 들어야지만 내가 똑같이 하는지 아닌지 판단할 수 있으니까요.

그렇다면 꼭 어릴 때부터 들려주어야 할까요? 물론 커서 영어를 배운 사람들 중에도 유창한 발음과 억양을 지닌 사람들이 많으니 꼭 어릴 때부터 들어야 한다는 법은 없어요. 그러나 좋은 발음과 억양을 위해 그들이 부단히 노력하고 연습했다는 공통점은 있더라고요. 어릴 때부터 들어서 좋은 점은 그렇게 부단히 노력하고 연습하지 않아도 된다는 거예요. 아이들은 모방하면서 자동으로 흡수하니까요. 어릴 때든 커서든 '언어는 들어야 한다'는 건 불변의 진리입니다.

무엇을 보여주고 들려줄까

DVD 보여주기

앞서 아이가 세 돌이 될 때까지는 가능하면 영상물을 보여주지 않는 편이 좋다고 했었지요? 그렇다고 아이가 세 돌이 넘었으니 하루 종일 영상을 틀어주어도 된다는 것은 아닙니다. 중독되지 않도록, 일상생활이 흔들리지 않도록 시간을 통제할 필요가 있습니다.

이제 노래로 듣고 부르던 영어를 넘어 실생활에서 사용하는 영어를 들어야 할 차례입니다. 평소 모국어만 듣던 아이에게 빠르고 복잡한 영어는 많이 들려준다고 해도 습득하기가 어려워요. 우리가 아이에게 말을 가르칠 때 장황하고 복잡한 문장부터 가르치지는 않잖아요? 문장의 길이가 짧아야 하고 발음이 정확해야 하고 무엇보다 흥미가 있어야 합니다. 자신과 비슷한 또래의 이야기나 의인화된 동물이 주인공인 이야기 등 자신이 상상할 수 있는 범위만큼의 내용이 편하게 다가오겠지요.

네다섯 살 정도면 아이는 엄마 손을 잡고 극장 나들이를 시작합니다. 극장용 장편 애니메이션을 보면 화려한 영상과 색감에 매료될 수밖에 없어요. 아이가 좋아하니 엄마는 계속 구해서 보여주고요. 그러다 보면 아이가 짧은 에피소드 위주의 단편 애니메이션을 거부하기도 합니다. 그러나 생활 영어와 바른 문장, 정확한 발음과 억양을 익히기에는 단편 애니메이션이 훨씬 도움이 되기에 가능하면 장편 애니메이션은 뒤로 미루었으면 좋겠어요. 아이가 간절히 원한다면 주중에는 단편, 주말에는 장편, 이렇게 단편 위주가 되도록 조정해야 합니다.

추천 DVD

 **까이유** Caillou

아이를 위한 첫 DVD로 손색이 없어요. 일상에서 쓸 수 있는 거의 모든 생활 영어가 나옵니다. 민머리 까이유는 엄마표 영어를 하는 모든 아이들의 친구입니다.

 냅킨 맨 The Adventures of Napkin Man

아이들의 고민을 선생님과 해결하는 인성 교육 DVD예요. 애니메이션과 실제 영상이 함께 나와 신기하기도 합니다. 미국 아이들의 생활도 볼 수 있어 친근합니다.

 페파 피그 Peppa Pig

까이유가 미국 가정을 보여준다면 페파 피그는 영국 가정의 일상을 보여줍니다. 교육적으로 훌륭한 내용이지만 킁킁대는 돼지 소리를 따라 하는 아이 때문에 엄마는 귀가 괴로울 수도 있어요.

 **메이지**

Maisy

 도라도라 영어나라

Dora The Explorer

리틀 베어
Little Bear

티모시네 유치원
Timothy
Goes to School

매들라인
Madeline

리틀 아인슈타인
Disney's
Little Einsteins

맥스 앤 루비
Max&Ruby

스팟
Spot

위 베어 베어스
We Bare Bears

투피와 비누
Toopy and Binoo

슈퍼 와이!
Super WHY!

찰리와 롤라
Charlie and Lola

우리는 세쌍둥이
The Baby Triplets

스텔라 앤 샘
Stella and Sam

리틀 프린세스
Little Princess

큐리어스 조지
Curious George

**바다 탐험대
옥토넛**
Octonauts

**안젤리나
발레리나**
Angellina Ballerina

올리비아
Olivia

**벤과 홀리의
리틀 킹덤**
Ben&Holly's
Little Kingdom

더 매직 키
The Magic Key

영어책 CD 들려주기

글씨를 몰라도 영어책을 보면서 음원을 들을 수 있습니다. 엄마가 읽어주었던 책을 혼자 볼 때 오디오북 음원(CD나 유튜브)을 틀어주세요. 그러면 그림을 충분히 보면서 영어도 들을 수 있습니다. 엄마랑 함께 읽어서 내용을 알고 있는 책을 들려주어야 해요. 매번 엄마가 책을 읽어주기 힘들다면 새로운 책은 엄마가 읽어주고, 몇 번 보았던 책은 음원을 들려줌으로써 엄마의 수고를 조금은 덜 수 있겠지요. 이것은 글자를 보며 듣는 집중 듣기와는 달라요. 글자보다는 그림과 내용에 흠뻑 빠져들어야 합니다. 엄마 대신 읽어주는 용도로 듣기를 활용해보세요.

어떻게 들려줄까

아이들이 어렸을 때는 DVD 보기가 듣기의 대부분이었어요. 이번 달에는 무엇을 사서 보여줄까, 심사숙고하며 고르는 재미도 있었습니다. 덕분에 본 것을 보고 또 보고 반복 시청을 할 수 있었지요. 반복 시청은 듣기 연습에 무척 도움이 되는 방법입니다. 반복은 아무리 기기가 발달하고 듣는 방법이 다양해져도 변함이 없는 진리거든요.

DVD를 사기 시작하면 아이에게는 기다리는 재미가 생겨요. 한꺼번에 여러 개가 아니라 하나씩 둘씩 "짜잔, 이번엔 이걸 샀지!" 하면서 기대감이 높아져요. 기존에 있는 것도 보고 새로 산 것도 보면서 누적 반복의 효과도 볼 수 있고요. 처음 DVD를 보여줄 때는 한글 자막이나 한글 더빙은 언급도 하지 말아야 합니다. 어디까지나 '영어로 놀기 위해' 보여준다는 사실을 엄마가 먼저 확실히 인식하고 있어야 해요. 아이는 한글 기능이 있다는 것을 몰라야 하고, 실수로 자막이나 더빙이 나왔다면 설명을 해주어야 합니다. "한글이 있지만 들려줄 수는 없어. 엄마의 규칙이야"라고 부드럽게 말해야겠지요. 사탕 10개를 한꺼번에 먹고 싶다고 조를 때 안 된다고 하잖아요. 그때처럼 부드러운 단호함이어야 합니다.

지금은 DVD 플레이어가 아니어도 영상을 볼 수 있는 경로가 많아졌어요. 유튜브는 편리하지만 삼천포로 빠지기 쉬워요. 옆에 뜨는 관련 영상들이 아이에게 유해하진 않을까 항상 조심스럽고, 시간 개념 없이 고집만 센 시기에 맛 들인 유튜브를 끊기가 어렵진 않을까 우려됩니다. 엄마 입장에서는 너무나 편한 도구지만 진정으로 아이를 위한다면 유튜브는 굉장히 조심해야 해요. 절대 아이 손으로 직접 조작하지 않도록 해주세요. 꼭 유튜브를 이용해야 한다면 'YouTube KIDS' 애플리케이션이 좋습니다. 아이들에게 유해한 콘텐츠를 걸러놓았고, 부모가 설정한 시간이 되면 영상이 자동으로 멈추거든요. 케이블 TV의 영어 채널도 다양한 영상을 볼 수 있어 좋지만 역시 시간 개념이 없는 아이에게는 독이 될 수도 있습니다. 하루 종일 영상이 나온다는 사실을 알면 TV 중독으로 이어질 수도 있고요. 계속 틀어두기보다는 아이가 집중할 수 있는 시간에 짧게 틀어주세요.

영어 듣기를 할 때 DVD와 더불어 크게 도움을 받았던 '리틀팍스(littlefox.co.kr)'도 소개해야겠네요. 리틀팍스의 가장 큰 장점은 비용 대비 콘텐츠가 엄청나게 많다는 것입니다. 영어 학원 하나 없는 시골에서도 컴퓨터나 스마트폰만 있다면 얼마든지 보면서 영어 실력을 쌓을 수 있어요. 단계도 촘촘한 편이고 분야도 다양해서 아이의 수준이나 취향에 맞는 콘텐츠를 찾기가 용이합니다. 최대 4명까지 계정을 따로 사용할 수 있어 여럿이 함께하며 각자의 진행 과정도 볼 수 있고요. 영화인 듯 동화인 듯 지루하지 않게 들을 수 있습니다.

리틀팍스를 시작하면 1단계부터 차근차근 해야만 할 것 같아 아이에게 강요를 하게 됩니다. 물론 1단계부터 하면 좋고, 1단계부터 권하는 게 맞지만 리틀팍스 사용법에 대해 어느 정도 익혔다면 높은 단계의 동화 시청을 억지로는 막지 마세요. '재미'가 최고인 나이잖아요. 재미를 찾아 헤매면서 얻는 것이 반드시 있습니다. 정말로 못 알아들으면 재미가 없어지고, 재미가 없어지면 그 시리즈를 끝까지 보지 않아요. 그러니 약속된 시간 안에서 동화 선택은 마음껏 하게 해도 괜찮습니다. 그래도 마음이 놓이지 않는다면 "10분은 너에게 맞는 단계를 보고 나머지 시간에 원하는 것을 보자"라는 방법도 있지요. 서로가 마음 상하지 않는 방법을 찾고 또 찾는 것이 엄마표 영어랍니다.

식사할 때나 차 안에서, 장난감을 가지고 놀거나 그림을 그릴 때 화면 없이 소리만 들려주세요. DVD나 리틀팍스에서 반복해서 보았던 장면을 소리로만 들려주는 겁니다. 그러면 내용을 떠올리며 상상을 하기 때문에 중독의 염려도 없고 귀는 더욱 밝아지는 효과가 있답니다.

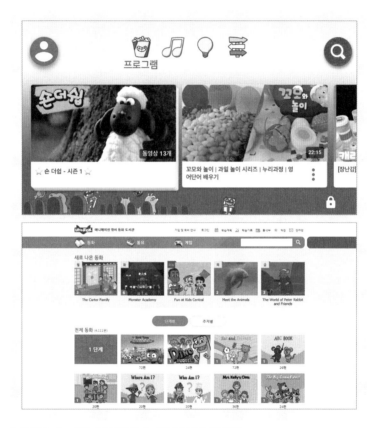

유튜브 키즈 애플리케이션(위)과 리틀팍스(아래) 첫 화면.

얼마나 들려줄까

4~5세부터는 영상을 통한 영어 습득의 효과가 커지는 시기입니다. 그렇다고 시간 제한 없이 무분별하게 보여주라는 말은 아니에요. 하루 종일 틀어놓으면 영어 노출은 많이 되겠지만 영어보다 더 중요한 것을 잃을 수도 있거든요. 몸을 많이 움직이고, 상상하고, 수다쟁이가 되어야 하는데 영상을 보는 시간이 길어질수록 그럴 기회는 줄어드니까요. 그렇다면 하루에 몇 시간을 보아야 중독에 빠지지 않을까요? 그리고 중독이란 무엇일까요? 어떤 행위를 하지 않고선 견딜 수가 없어 일상생활에 지장을 줄 때 우리는 중독이라고 하지요. 즉, 몇 시간을 보느냐보다는 못 보게 했을 때 불안하고 다른 일상생활을 제대로 하지 못한다면 그것이 중독입니다. 영상을 껐다고 울고불고 난리를 치고 폭력적인 행동을 보인다면 그 순간부터 과감히 영상을 끊어야 합니다. 중요한 것은 시간이 아니라 '어떻게 보느냐'니까요. 그렇더라도 아이에게 한 번에 1시간 이상은 보여주지 않는 편이 좋지 않을까 합니다. 중독에 빠지지 않으려면 다음과 같이 해보세요.

① 대화를 합니다

영상을 보는 중간에 혹은 다 보고 나서 내용에 대한 이런저런 이야기를 나누어보세요. 생각을 하면서 보는 법을 배우는 거지요. 전두엽을 활성화시킵니다.

② 반응을 보여줍니다

웃긴 장면에서 웃고, 안타까운 장면에서 탄성을 내지르고, 슬픈 장면에서 울상을 짓습니다. 엄마의 반응을 살피면서 어떻게 영상을 보아야 하는지, 생각하면서 보아야 한다는 사실을 배웁니다.

③ 움직이면서 봅니다

노래가 나오면 따라 부르고 춤이 나오면 따라 추세요. 대사를 흉내 내거나 좋아하는 부분은 돌려서 다시 봅니다. 이처럼 적극적인 동작이 중독을 막아줄 거예요.

④ 시간 약속을 합니다

시계를 볼 줄 안다면 "몇 시까지 보자", 시계를 볼 줄 모른다면 "여기까지만 보는 거야" 약속을 하고 지킬 수 있게 엄마가 도와줍니다. 그만 보아야 할 시간이 다가오면 "이제 10분 후에 꺼야 해. 이거 한 편만 보고 끄자"라고 하면서 미리 신호를 주세요.

⑤ 신체 활동으로 환기를 시킵니다

눈동자의 움직임 없이 웃지도 인상을 쓰지도 않고 멍하니 앉아서 보다가 영상을 껐을 때 난리를 친다면 얼른 몸으로 할 수 있는 다른 활동으로 환기를 시켜주세요.

엄마표 영어 말하기

노래하기

'까이유'나 '매들라인'의 주제가를 따라 부르는 아이를 보니 진짜 원어민 발음이더라고요. 심지어 영어를 읽기도 전이었어요. 글을 모르니 들리는 대로 흉내를 내는 거지요. 영어라기보다는 노래를 한다고 생각했을 거예요. 무슨 뜻인지도 몰랐을 거고요. 그래서 글을 읽기 전에 입을 여는 과정이 중요합니다. 영어를 충분히 듣지 않고 파닉스부터 배우면 눈에 의지해 소리를 만들고 우리말 억양으로 읽을 가능성이 높아요. 그러면 나중에 억양을 바꾸기가 참 어렵습니다. 우리들이 그렇잖아요.

요즘은 K-Pop의 인기로 외국의 많은 젊은이들이 한국어를 배우고 싶어 해요. 그들은 일단 자신이 좋아하는 K-Pop 가사를 들리는 대로 외워서 부르지요. 그리고 가수의 인터뷰를 보고 흉내를 냅니다. 그렇게 소리로 한국어를 익힌 이들의 말과 억양은 자연스럽고 편하게 들려요. 애니메이션 주제곡, 노부영, 마더 구스 등을 같이 불러보세요. 물론 과묵한 아이라면 아무리 들려주어도 절대 따라 부르지 않을 거예요. 그래도 듣는 건 역시 중요하답니다.

생활 영어 하기

단편 애니메이션에 나오는 대화는 어떤 회화 교재보다 훌륭합니다. 비슷한 상황에서도 천편일률적인 대사가 없어요. 대화란 관계에서 일어나고 상황이나 성격과도 아주 밀접하게 연관되어 있으니까요. 수없이 많은 표현을 들어보고 '내가 저 상황이라면…'을 상상하면서 '나의 말'을 만들어내야 진짜 회화가 되는 겁니다. DVD를 통해 다양한 상황을 간접적으로 겪어보며 '나의 말'을 만들어낼 수 있는 역량을 키우게 됩니다.

어떤 아이들은 대사를 따라 해요. 많이 반복했기 때문에 그다음에 나올 대사를 먼저 치고 들어가기도 하고요. DVD나 책에서 보았던 상황을 만나면 자신도 모르게 툭 던지듯 말하기도 합니다. 처음에는 "No way!", "Ouch!" 같은 짧은 문장부터 시작해서 점점 "I want this one", "Here I am" 같은 긴 문장을 말하지요. 『Mix It Up』을 읽고 물감 놀이를 하면서 "엄마, mix it up!"이라고 해요. 외우게 하지 않아도 자연스럽게 일어나는 일입니다.

그림 보면서 문장 말하기

책에 있는 그림을 보면서 설명하게 해보세요. 책을 여러 번 읽어주어 내용을 이해했다면 단어든 문장이든 대답을 할 겁니다. 문장을 외워서 앵무새처럼 말하지 말고 표현할 수 있는 만큼만 말하면 됩니다.

: 『Two Crazy Pigs』의 한 장면.

엄마: (그림을 가리키며) What did the pigs do?

아이: The pigs tickled hens.

엄마: 그래서 farmer가 뭐래?

아이: Stop that! Crazy pigs!

엄마: (웃으며) 그치? 큰소리를 치고 있네.

섞어 말하기

문장을 만들 수는 있지만 단어를 정확히 모를 때 아이들은 우리말과 영어를 마구 섞어서 말하기도 합니다. 책 내용을 이야기하면서 중간중간 생각나지 않는 단어는 우리말로 해요.

"Let's play with me. draw, sing, 그리고 만들기 하자."

"There are cookies, juice and 사탕."

영어로 어떻게 말하는 거냐고 물어보면 엄마가 가르쳐주어도 되지만 그렇지 않다면 그냥 두어도 괜찮아요. 생각나지 않아서 우리말로 했다면 나중에 영상을 보거나 책을 읽으면서 '아, 이거였지!' 하고 스스로 알게 될 테니까요.

엄마표 영어 쓰기

걷고 뛰고 두드리고 밀고 차는 등의 행동을 하면 글씨도 잘 쓸 수 있을 것만 같지요? 그러나 이것은 대근육의 발달과 관련된 동작입니다. 쓰기, 접기, 젓가락질하기, 색칠하기, 자르기처럼 손을 움직이는 건 소근육의 발달과 관련된 동작이고요. 아이마다 신체 기능의 발달 속도가 다 달라서 지능이 높아도 대근육이나 소근육의 발달은 느릴 수 있어요. 남보다 빨리 걷고 뛰기 시작한 아이가 문자는 늦게 깨치기도 하고요. 소근육이 충분히 발달되지 않았다면 쓰는 행위 자체가 어려울 수 있다는 말입니다. 무리해서 쓰기를 진행하기보다는 우선 접기, 찢기, 붙이기, 오리기 등 손을 꼼지락거리는 놀이로 소근육의 발달을 도와주세요.

사실 편하게 읽을 수 없는 상태에서 쓰기는 노동에 불과해요. 읽지도 못하는데 쓰려니 얼마나 힘들겠어요. 억지로 쓰게 하면 끙끙대며 하겠지만 영어와 쓰기를 모두 싫어하게 되는 부작용이 생길 수 있습니다. 한글 쓰기도 무리해서 시키면 안 되는 나이랍니다. 읽기의 진행 속도와 소근육의 발달이 빠르다면 다음에 나오는 방법을 천천히 시도해볼 수 있지만 아이가 원하지 않는다면 굳이 안 시켜도 된답니다.

알파벳 쓰기

줄 간격이 넓은 초등학생용 영어 노트에 알파벳을 쓰게 합니다. 사실 거의 그리기라고 보면 되지요. 엄마가 써놓은 알파벳에 색연필로 덮어 쓰기를 하는 방법도 좋아요. 글씨를 큼직하게 써주면 더욱 좋겠지요. 알파벳 이름과 함께 각각 어떤 소리를 내는지 알려준다면 파닉스도 일부 해결됩니다. 알파벳 송을 천천히 부르며 써도 되고요. b, d나 p, q처럼 비슷하지만 방향이 다른 글자를 많이 헷갈려하고 S는 뒤집어 그리기도 하지요. 뇌 발달상 지극히 정상이랍니다. 자꾸 바꾸어 쓴다고 걱정하지 마세요. 정말로 크면 다 해결됩니다.

알파벳 쓰기 연습

- Kiz club(kizclub.com)
- 키즈북토리(cafe.naver.com/momstree2010)

한 줄 쓰기

처음부터 멋지게 쓸 거란 기대는 내려두고 일단 한 줄부터 시작해보세요. 책 제목을 따라 써도 좋고 마음에 드는 문장을 써도 좋습니다. 쓰기가 두렵지 않아야 해요. 그렇게 습관을 들이면 점차 두 줄, 세 줄 늘어나게 됩니다. 이 나이에는 어쩌면 글씨보다 그림이 더 편할지도 몰라요. 그림을 그리고 주인공의 이름을 쓴다든가 사물의 명칭을 쓰는 것도 좋은 방법입니다. 자신의 카드를 만드는 거지요. 계절과 관련된 책을 읽었다면 각 계절을 그린 뒤 spring, summer, fall, winter라고 써봅니다. 또는 가족 구성원을 그리고 dad, mom, sister, brother 등을 쓰는 거예요. 아이가 파닉스를 대충 알고 있다면 dad를 ded라고 쓰거나 summer를 sermor라고 쓸 수도 있어요. 그럴 때는 "우아, summer도 쓸 줄 알아? 글자가 무슨 소리를 내는지 알고 있구나. 참 잘했다. 그런데 조금 틀렸네. 고쳐줄까, 아니면 밑에다가 조그맣게 써줄까?"라고 물어보세요. 고쳐주길 원한다면 아이의 글씨를 지우거나 건드리지 말고 작은 글씨로 아이 글씨 아래에 적어주세요. 어차피 아이는 자신이 틀렸는지 관심도 없습니다. 다만 자주 쓰면서 이런 과정을 거치며 점차 나아진다고 생각하세요.

● 종서의 한 줄 쓰기.

빈칸 채우기

빈칸을 채우면서 문장 만들기를 연습합니다. 읽은 책에서 몇 문장을 뽑아 꼭 익혔으면 하는 단어 위주로 빈칸을 만든 다음,

그림을 보여주거나 보기를 제시하고 엄마가 동작을 하면서 쓰기를 유도해보세요.

∶ 『My Friends』의 한 장면.

고미 타로의 『My friends』를 예로 들어볼게요. 이 책에서는 'I learned to 동작 from my friend the 동물' 형태의 문장이 반복적으로 등장해요. 그럼 빈칸은 '동작'이나 '동물'이 적당하겠지요? 둘 다 빈칸으로 두기보다는 하나를 정해서 집중할 수 있게 해주는 것이 좋아요. 여기서는 동작을 빈칸으로 둘게요.

[보기] walk jump climb run kick

• I learned to (   ) from my friend the cat.

158

- I learned to (   ) from my friend the dog.

- I learned to (   ) from my friend the monkey.

- I learned to (   ) from my friend the horse.

- I learned to (   ) from my friend the gorilla.

엄마: 첫 번째 빈칸에는 어떤 단어를 넣어야 할까? 보기에서 찾아서 써

　　　볼까?

아이: 음…

엄마: I learned to 음… from my friend the …누구지?

아이: cat!

엄마: cat이니까 learned to… (걷는 시늉을 한다)

아이: 아, walk.

엄마: 그렇지. walk니까 '워' 소리가 나네.

아이: w!

엄마: 맞아. 그럼 w로 시작하는 걸 찾으면 되겠네.

아이: 여기 있다, walk!

엄마: 맞았어. 이제 보고 써볼까?

아이: (보기를 보고 쓴다)

엄마도 성장하기

원서 읽기

엄마는 아이에게 그림책이나 리더스를 읽어주면서 '영어는 이렇게 배웠어야 했구나'를 알게 됩니다. 그렇다고 아이와 같은 수준의 책만 읽으면 이끌어주기가 어려워요. 조금씩 앞선 책을 읽어야 좋은 책을 추천해줄 수도 있고, 책을 읽어줄 때 중요한 단어나 표현을 더 강조해줄 수도 있습니다. 그리고 무엇보다 아이 수준의 책만 읽으면 유치하고 재미가 없잖아요. 단지 아이를 위해서가 아니라 엄마인 '나'를 위한 원서 읽기도 도전해보았으면 합니다.

성인이 하는 대부분의 영어 공부는 아이와 달리 목적이 있어요. 취업이나 토익, 토플 등 특정 시험을 위한 경우가 많아 영어책을 읽는다는 생각을 거의 하지 않습니다. 그러나 책 읽기만큼 언어를 익히기에 좋은 방법은 없답니다. 영어책 선정은 자신이 어떤 성향인지 파악하는 것부터 시작해야 해요. 읽기 싫은 장르의 책은 아마 우리말로도 끝까지 읽기 어려울 거예요. 평소 자신의 한글책 취향을 떠올려 읽고 싶은 책을 찾는 것이 성공 비결의 90%입니다.

영어 실력이 부족하다고 유치원생의 일과나 초등학생의 학교생활을 읽고 싶지는 않을 거예요. 유치하지 않으면서 부담스럽지 않은 책부터 시작하는 것이 중요합니다. 『The Giving Tree^{아낌없이 주는 나무}』나 『The Little Prince^{어린 왕자}』처럼 우리말로 읽어보았던 책이나 영국 작가 로알드 달^{Roald Dahl}의 얇은 책 한두 권을 읽어보세요. 여기서 자신감이 붙으면 뉴베리상^{Newbery Awards}을 받은 소설을 낮은 단계부터 도전해 서서히 올려보는 겁니다. 그러다가 원서로 된 인생책 한 권을 만나면 여러 번 반복해서 읽어보세요. 저의 인생책은 『Tuesdays with Morrie^{모리와 함께한 화요일}』랍니다. 앞으로도 계속해서 보고 또 보고 언젠가는 필사도 해보려고요. 좋은 책을 자꾸 보니 좋은 문장이 보이고, 굉장히 편안하고 익숙해져서 마치 영어를 잘하는 것 같은 행복감마저 느껴집니다.

책을 읽을 때 완벽하게 해석을 하려고 하면 곤란해요. 학창 시절의 독해 습관을 완전히 내려놓고, 어떤 내용인지 대충 알 것 같다면 멈추거나 분석하지 말고 쭉쭉 읽어나가세요. 우리말로 바꾸려고 하지 말고요. 노트 필기해가며 '공부'하지 마세요. 이해가 잘 안 되는 단락은 서너 번씩 다시 읽어보고 그 과정이 너무 잦아 읽기 힘들다면 조금 더 쉬운 책을 선택하는 편이 좋습니다. 단어를 일일이 다 찾으면서 읽으면 부담스럽거든요. 한글로 된 소설책을 그렇게 읽으면 재미를 느끼기 힘들잖아요. 물론 방해가 되지 않을 만큼, 한 페이지에 한두 개 정도는 괜찮습니다. 포털 사이트의 사전을 이용해서 발음도 들어보고 중얼거려보세요. 발음 기호로 배울 때와는 확실히 다르답니다. 소리를 내어 읽으면 더욱 집중이 잘됩니다. 이해가 되지 않을 때는 서너 번 소리를 내어 읽어보세요. 누가 말해주면 글로 읽을 때보다 이해가 잘되는 것처럼 읽다가 갑자기 의미를 깨닫게 되는 경우도 많아요. 큰 소리까지는 아니더라도 소리 내어 읽으면서 억양도 연습하고 내용에 집중도 해보길 바랍니다.

성인이라면 집중 듣기도 충분히 가능해요. 우리에게는 익숙하지 않은 방법이지만 의지가 있다면 꽤 효과를 볼 수 있어요. 읽기 진도가 영 나가지 않아 답답할 때 집중 듣기의 도움을 받는 겁니다. 아이한테는 유튜브가 조심스럽지만 엄마는 마음껏 이용해도 되잖아요. 더불어 집중 듣기를 하는 아이의 마음을 이해하는 계기도 되었으면 합니다. 눈을 떼지 않고 소리에만 집중하는 일이 얼마나 어려운지, 어른도 쉽지 않다는 사실을 알고 나면 아이에게 무척 관대해진답니다.

 별책 Time 읽고 싶은 책을 기록해두었다가 한 권씩 완독해보세요.
(실천 노트 36쪽)

추천 원서

※ AR Grade: 책의 난이도를 학년 수준으로 나타낸 독서지수로, AR 3.2는 영어
권 초등학교에서 3년 2개월 수업을 받은 수준이에요. AR은 arbookfind.com에서
책 제목으로 검색해 BL(ATOS Book Level)을 확인하면 알 수 있답니다.

 Twilight (AR 4.9) by Stephenie Meyer
영어로 설렘을 읽어보고 싶다면 선택하세요. 영화와 함께
보아도 좋습니다. 뱀파이어에게 설레보세요.

 The Hundred Dresses (AR 5.4)
by Eleanor Estes, Louis Slobodkin
파스텔 톤의 흐린 그림과 함께 소녀들의 왕따 이야기를 아
름답고도 먹먹하게 그려냈습니다. 수준에 비해 얇은 책이
고 엄마이기에 또 다르게 읽히는 책입니다.

Tuesdays with Morrie (AR 5.5) by Mitch Albom

죽음을 앞둔 노교수의 인생 수업으로 삶을 되돌아보게 하는 강의 같은 책입니다. 밑줄을 치고 싶은 문장이 정말 많습니다.

 Nate the Great 시리즈 (AR 2.0~3.0)

by Various

 Magic Tree House 시리즈 (AR 2.8~5.2)

by Mary Pope Osborne, Sal Murdocca

 Stepping Stone Classics 시리즈

by Various

 The Giving Tree (AR 2.6)

by Shel Silverstein

 Freckle Juice (AR 3.1)

by Judy Blume, Debbie Ridpath Ohi

 The Magic Finger (AR 3.1)

by Roald Dahl, Quentin Blake

 Sarah, Plain and Tall (AR 3.4)

by Patricia MacLachlan

 Because of Winn-Dixie (AR 3.9)

by Kate DiCamillo

Stone Fox (AR 4.0)

by John Reynolds
Gardiner,
Greg Hargreaves

How to Steal a Dog (AR 4.0)

by Barbara O'Connor

Holes (AR 4.0)

by Louis Sachar,
Vladimir Radunsky,
Bagram Ibatoulline

Fantastic Mr. Fox (AR 4.1)

by Roald Dahl,
Quentin Blake

Stargirl (AR 4.2)

by Jerry Spinelli

Number the Stars (AR 4.5)

by Lois Lowry

Wonder (AR 4.8)

by R. J. Palacio

Dear Mr. Henshaw (AR 4.9)

by Beverly Cleary,
Paul O. Zelinsky

Walk Two Moons (AR 4.9)

by Sharon Creech

Bud, Not Buddy (AR 5.0)

by Christopher Paul
Curtis

Coraline
(AR 5.1)

by Neil Gaiman,
Dave McKean

The Kite
Runner (AR 5.2)

by Khaled Hosseini

Me Before
You (AR 5.3)

by Jojo Moyes

The Notebook
(AR 5.5)

by Nicholas Sparks

The Fault
in Our Stars
(AR 5.5)

by John Green

The Giver
(AR 5.7)

by Lois Lowry

The Boy in
the Striped
Pajamas
(AR 5.8)

by John Boyne

Flowers for
Algernon
(AR 5.8)

by Daniel Keyes

Daddy-Long-
Legs (AR 6.1)

by Jean Webster,
Eva Ibbotson

The Alchemist
(AR 6.4)

by Paulo Coelho

영상 보기

언어를 익히는 방법은 여러 가지가 있어요. 저처럼 책이 더 편한 사람도 있고 영상이 더 효과적인 사람도 있지요. 만약 똑같이 30분을 투자한다면 더 많은 어휘를 접할 수 있는 쪽은 독서예요. 하지만 아무래도 생활 영어로 귀가 트이는 데는 영상이 효과적이겠지요.

넷플릭스(netflix.com)를 이용하면 미드(미국 드라마)나 영드(영국 드라마), 그리고 영화를 편하게 볼 수 있습니다. 드라마 중 시트콤은 가장 현실적인 대화들로 이루어져 있어요. 당장 현지에 가면 바로 쓸 수 있는 표현들이지요. 다만 비어나 속어, 농담이 너무 많아 재미있기는 하지만 배워서 쓰기에는 고급스럽지 못한 느낌입니다. 마치 외국인이 우리나라 시트콤으로 한국어를 배워서 "헐, 멘붕! 안습이야"라고 말하는 것처럼요. 물론 드라마나 영화에는 멋진 대사들이 참 많아요. 그러나 현실에서는 듣기 어려운 과장된 표현들도 많습니다.

영상으로 영어를 익히려면 수십 번을 보아도 질리지 않는 작품이어야 해요. 특히 영화의 경우 정말 좋아하는 작품이라면 장면 하나하나, 대사 한 줄 한 줄까지 마음에 새기잖아요. 공부하기로 하고 영상을 본다면 대사를 듣고 따라 해야 하는데 흥미롭지 않은 작품이라면 마음 따라 머리까지 굳어버립니다. 그래서 책과는 달리 추천이 무의미해요. 마음이 간다면 공포 영화나 심령 스릴러여도 무방하니까요. 로맨틱 코미디, 수사, 액션, 마블 히어로, 감동 실화, 디즈니 등 그야말로 개인의 취향은 천차만별입니다. 처음에는 많은 사람들이 추천하는 〈프렌즈Friends〉, 〈풀하우스Full House〉, 〈섹스 앤 더 시티Sex And The City〉 등을 보려고 했지만 도저히 저와는 맞지 않더라고요. 오히려 〈500일의 썸머500 Days Of Summer〉, 〈인턴The Intern〉, 〈유브 갓 메일You've Got Mail〉, 〈어바웃 타임About Time〉 등이 보고 또 보아도 질리지 않았고 대사도 알아듣고 싶다는 생각이 들더라고요. 제가 과거에 간호사여서 그랬는지 너무 어려웠지만 〈ER〉이 재미있기도 했고요. 자신이 좋아하는 영상이어야만 영어 귀를 뚫을 수 있습니다.

아무리 여러 번 반복해서 보아도 100% 이해하기란 쉬운 일이 아니에요. 절대로 안 들리는 부분도 있고요. 우리가 한국 영화를 볼 때 대사를 100% 알아들을까요? 가끔씩 비속어, 사투리, 의료 및 법정 용어가 나오면 대충 건너뛰며 듣지 않나요? 등장인물이 중얼거리는 말도 잘 안 들리고요. 하물며 영어로 된 영상인데 100% 이해라니요. 그러니 모르는 말이 나와도 너무 스트레스받지 말고 마음에 쏙 드는 장면이 있다면 그 부분을 집중적으로 연습해보세요. 주인공이 되어 연기를 하는 거지요. 스터디를 한다면 대본을 만들어 외우고 발음할 때 주의할 점, 새로운 표현법 등을 함께 나누면 좋겠어요.

한글 자막은 아무리 답답해도 참아주세요. 물론 영화나 드라마를 보는 1차 목적은 재미와 즐거움이지만 영어 공부를 결심했다면 한글은 잠시 잊는 편이 좋습니다. 반면 영어 자막은 제대로 활용해야 해요. 중간중간 자막을 켤 수도 있지만 최종적으로는 자막 없이 보는 방향을 목표로 해야 합니다.

취향을 저격한 드라마나 영화는 무엇인가요? 기록해두었다가 틈틈이 보세요. (실천 노트 38쪽)

03

7~10세
궁금한 게 너무 많아요

읽어주기 (15)	읽기(25)	듣기(30)	말하기 (15)	쓰기(15)

자기중심적 사고에서 벗어나 또래와 지내는 법을 배우게 됩니다. 논리적으로 생각하기 시작하지만 추상적인 사고에는 아직 한계가 있습니다. 측두엽과 두정엽의 발달로 언어와 수학 학습을 할 수 있습니다.

7~10세 연령별 특징과 엄마표 영어

7세 이전의 키워드가 전두엽이라면 7세부터는 측두엽입니다. 측두엽은 뇌의 양옆에 있으며 주로 언어와 청각을 담당하지요. 다시 말해서 언어 교육의 적기라는 말이에요. 3세 아이에게 red, blue, black 등을 이해시키고 읽게 만들려면 얼마나 오래 걸릴지 생각해보세요. 초등학생이라면 금방 하겠지요? 초등학교 입학 즈음부터는 확실히 학습으로의 언어를 가르치기가 수월해집니다. 그러니 그 전까지 영어를 거의 접하지 않았다고 해도 전혀 늦은 것이 아닙니다. 다만 3학년까지 노출조차 하지 않는다면 아이가 '영어=공부'라고 인식할 가능성이 높아져요. 학습으로의 영어는 3학년부터 시작해도 되지만 가능하다면 영어로 된 소리를 들을 수 있도록 환경을 만들어줄 필요가 있습니다. 거부감이나 두려움 없이 영어를 받아들일 수 있게요.

이 시기에 주력해야 하는 부분은 듣기예요. 들어서 이해하는 내용이 많으면 많을수록 읽기에 속도가 붙거든요. 읽기에만 몰두하느라 듣기 시간이 확 줄어들면 안 됩니다. 듣기와 읽기를 모두 충분히 해도 될 만큼 시간적인 여유가 많은 시기니까요. 그러려면 사교육을 적절히 끊어내야 해요. 아이가 원해서 여러 가지를 시키는 경우도 있고, 엄마의 불안한 마음에 하나씩 추가하다 보니 가짓수가 많아지는 경우도 있습니다. 시간과 체력은 한계가 있으니 아이에게 무엇이 꼭 필요하고, 무엇에 집중할 수 있는지 잘 따져보아야겠지요. 식물도 잘 키우려면 가지치기를 해주어야 해요. 사교육으로 아이를 뱅뱅 돌려야 한다고 말하는 교육 전문가, 소아정신과 의사, 아동 심리 전문가는 아마도 없을 겁니다. "이건 꼭 해야만 합니다" 하는 사교육은 없습니다. 그러나 꼭 주어야만 하는 시간은 있지요. 바로 노는 시간과 책을 보는 시간, 이것만큼은 꼭 확보해주었으면 합니다.

엄마표 영어 읽어주기

챕터북 읽어주기

아이가 영어를 잘하지 못해도 나이에 비해 너무 시시한 걸 읽어주면 싫어합니다. 어른도 마찬가지예요. 영어 실력이 완전 바닥이라고 말하면서도 어린이 애니메이션을 보라고 하면 하품하지요. 알아듣는지의 여부보다는 무슨 내용인지 궁금한 마음이 들어야 솔깃해서 집중할 수 있습니다. 이제부터는 리더스와 더불어 서서히 챕터북도 읽어주기 시작해보세요. 챕터북은 스토리가 길어지면서 장(챕터)으로 나뉘는 책이에요. 등장인물이나 사건이 복잡해지고 그림에 대한 의존에서 벗어나 글로 이해해야 하는 책입니다. 여기서 문제는 챕터북을 수월하게 읽어줄 수 있는 엄마가 그리 많지 않다는 거예요. "저도 마음 같아선 읽어주고 싶어요. 그런데 이렇게 글씨도 많고 어려운데 어떻게 읽어주나요?"라고 하면서요. 엄마표 영어를 처음 시작했을 때 AR 2점대 챕터북을 끝까지 읽어줄 수 없었던 제 모습이 떠오르네요. 물론 지금은 읽을 수 있습니다. 처음부터 읽어줄 수 있었던 게 아니라 읽어주다 보니까 읽을 수 있게 되더라고요.

챕터북의 내용을 100% 정확히 알아야 하는 건 아니에요. 리더스는 가능하면 단어나 표현을 다 알고 넘어가면 좋지만 챕터북부터는 스토리에 집중하세요. 문장 하나하나를 해석하기보다는 단락이나 페이지 단위로 내용을 이야기하는 편이 좋습니다. 미리 시리즈의 첫 한두 권만이라도 읽어보면 좋겠지요. 그래도 너무 부담스럽다면 두어 챕터만이라도 읽어주세요. 이렇게 읽어주는 이유는 문화나 배경지식을 엄마가 더 많이 알고 있기 때문이에요. 배경지식을 알려주면 단어를 익히기가 훨씬 쉬워지거든요. 그리고 무엇보다 대화! 대화를 할 수 있어서 좋아요. 챕터북으로 들어가면 스토리에 기승전결이 있고, 문장에 드러나지 않는 숨은 의미가 있는데, 그것을 찾는 연습을 엄마와 함께 해보는 겁니다.

"It's because I'm left-handed," Marvin complained. "It's impossible to write neatly when you're left-handed. Everything is backwards."

"I'm left-handed," said Mrs. North.

"Oh," said Marvin.

"We're lucky to be left-handed," said Mrs. North. "It means we have royal blood."

She smiled at him.

"You'd write neater if you slowed down," she said. "It isn't a race."

He returned to his seat.

He picked up his pencil and wrote as fast as he could.

He had to write twice as fast this time, just to catch up with everyone else.

He had to write a report on something he read in *Current Events*. *Current Events* was a newspaper for children.

2

This is what Marvin wrote.

The King of Shampoon is looking for his lost son. The son's name is Prince Robert. Prince Robert was kidnapped the day he was born. That was nine years ago.

Prince Robert is nine years old. He has red hair and blue eyes. Unless he's dead.

The King is going all around the world looking for his lost son. He hopes he isn't dead. So do I. This week the King is in Washington, D.C.

The End

Marvin finished writing just as the bell rang for recess. He gave his report to Mrs.

3

챕터북 'Marvin Redpost Series'의 한 장면.

예를 들어 챕터북 'Marvin Redpost Series'의 한 장면을 다음 과 같이 읽어줍니다.

"It's because I'm left-handed, (엄마의 왼손을 들어 보이며) Marvin complained. It's impossible to write neatly when you're left-handed. Everything is backward. (왼손으로 오른쪽에서 왼쪽으로 쓰는 모습을 흉내 내면서) 이렇게 backward로 쓰니까 impossible to write neatly라고 하네? I'm left-handed, said Mrs. North. (왼손을 들어 보이며) Oh, said Marvin. We're lucky to be left-handed, said Mrs. North. It means we have royal blood. She smiled at him. 우리나라는 왕이 없지만 영국이나 일본 같은 나라에는 왕이 있고 그 왕의 자손들이 있어. 그 사

람들을 royal blood라고 해. 왕자나 공주인 거니까 굉장히 특별하겠지? 근데 Marvin은 어떤 아이 같아?"

아이가 내용을 이해했다면 Marvin을 변명쟁이나 핑계쟁이라고 하겠지요. 물론 그렇게 쓰인 문장은 없어요. 하지만 Marvin의 말과 태도에서 충분히 유추가 가능합니다. 아이가 혼자 읽을 때 글자 읽기에만 급급해하고 있나요? 그렇다면 제대로 독서하는 법을 알려주세요. 질문을 곁들여 읽으면 책 내용을 훨씬 정확하고 풍성하게 내 것으로 만들 수 있어요. 다음은 제가 주로 사용했던 질문입니다. 만약 아이가 답하기를 어려워하면 한동안은 엄마가 먼저 답하면서 예를 보여주세요.

- 왜 그랬을까?
- 어떻게 될까?
- 우리가 읽었던 다른 책하고 비슷하네?
- 결말이 마음에 드니?
- 너라면 어떻게 했을 것 같아?
- 이 작가는 이 단어를 좋아하는 것 같아. 자주 쓰네.

엄마표 영어 스스로 읽기

유창해지기

처음으로 혼자 읽을 때 아이는 스펠링 하나, 단어 하나를 보느라고 문장 전체를 보지 못해요. 글자를 읽어내는 일에만 온신경을 씁니다. 그렇게 단어를 하나씩 끊어 읽으면 내용을 이해하기가 어렵겠지요. 물 흐르듯 자연스럽게 읽어야만 이해가 되는 겁니다. 이해가 안 되는데 어떻게 자연스럽게 읽느냐고요? 물론 이 말도 맞아요. 유창성과 이해는 닭과 달걀 같은 관계랍니다. 유창하면 이해가 더 잘되고, 이해가 잘되면 유창하게 읽지요.

유창해지려면 일단은 매일 소리 내어 읽는 수밖에 없어요. 반복 읽기도 좋고요. 매일 새로운 책을 읽기보다는 읽었던 책과 새로운 책을 섞어서 읽는 게 좋습니다. 그저께 읽었던 책을 어제도 읽고 오늘도 읽는다면 내용을 파악했을 테니 이제 빠르게 읽을 일만 남은 거지요. 처음 읽을 때는 글자를 읽고, 두 번째 읽을 때는 내용을 생각하면서, 세 번째 읽을 때는 조금 더 빨리 읽으며 점차 유창해집니다. 고루한 방법처럼 보이지만 많이 읽기야말로 유창해지는 가장 효과적인 길입니다.

유창해지기 예시

1차: Why… do… you… w…ea…r that… ri…bb…o…n all… the… t…ime…?

2차: Why… do… you w…ear… that ribbon all… the time?

3차: Why do you wear… that ribbon all the time?

동기 부여하기

유아기부터 영어를 접했던 아이라면 저항 없이 습관처럼 영어책을 읽겠지만 7~8세 이후에 영어를 시작했다면 "왜?"라는 강한 거부에 부딪칠 수도 있습니다. 아이 입장에서 생각해보세요. 시험을 치러야 하는 학생도 아니고 해외여행을 가야 하는 상황도 아닌데 왜 자신이 영어를 해야 하는지 도무지 이해가 되지 않지요. 그러니 우선 영어를 해야 하는 이유부터 조곤조곤 알려주세요.

① 세계화 시대니까

네가 살아갈 세상에서 영어는 모두와 대화할 수 있는 언어라서 그래. 인스타그램, 페이스북, 유튜브에서 전 세계 사람들과 소통할 수 있고 그들이 와서 '좋아요'를 눌러준다니까!

② 문화를 배울 수 있으니까

세상에는 엄청나게 재미있고 흥미로운 책이나 영화가 많은데 그중에서도 특별히 재미있는 것들은 무조건 영어로 나와. 그러니 영어를 잘한다면 전 세계의 유명한 책이나 영화를 마음껏 볼 수 있겠지? 그런데 만약 영어를 모른다면 누군가 우리말로 번역해줄 때까지 볼 수가 없잖아. 이렇게 안타까운 일이 어디 있겠니.

③ 직업에도 도움이 되니까

누군가 너랑 같이 일을 하고 싶어 하는데 그 일이 돈도 많이 벌 수 있고 굉장히 신나는 일이 될 수도 있어. 그런데 이때 너한테 같이 일하자고 하는 사람은 미국 사람일 수도, 중국 사람일 수도, 태국 사람일 수도 있거든. 네가 영어를 할 줄 안다면 누구와도 같이 일할 수 있는 거야.

④ 자유로운 여행을 할 수 있으니까

네가 영어를 할 줄 알면 이다음에 해외여행도 자유롭게 다닐 수 있고 다른 나라 사람들과도 친구가 될 수 있어. 친구가 한국에 놀러 오면 네가 영어로 우리나라에 대해 설명해줄 수도 있겠지? 영어 때문에 가고 싶은 곳에 못 가면 속상하잖아.

 왜 영어를 해야 할까요? 그 이유도 함께 적어보세요.
(실천 노트 5쪽)

아이가 조금 더 커서 사춘기가 되면 달콤한 사탕이나 매서운 회초리 같은 외재 동기는 더 이상 먹히지 않게 됩니다. 진정으로 아이를 움직이는 힘은 어디까지나 내재 동기랍니다. 내재 동기란 자기 스스로의 목표를 가지고 어떤 행위 자체를 즐기는 거지요. 하지만 초등 저학년 아이에게 이게 어디 쉬운 일인가요. 꿈도 막연하고 과정도 막연합니다. 따라서 약간의 외재 동기를 이용해 내재 동기를 끌어내는 방법을 써야 합니다. 다시 말하지만 이건 딱 이 시기에만 먹히는 방법임을 잊지 마세요.

① 롤 모델 보여주기

엄마표 영어를 하고 있는 두어 살 많은 아이의 읽기나 말하기 영상을 보여주세요. 아는 아이가 아니어도 괜찮아요. 엄마표 영어 카페나 블로그 등에서 찾아 보여주면 '아, 저렇게 될 수 있구나' 목표가 보이지요. "저 형/오빠/누나/언니도 날마다 영어책을 읽어서 저렇게 잘 읽게 되었대. 처음에는 너랑 똑같았다는데?" 하고 말해줍니다. 롤 모델을 보면서 엄마 도, 아이도 용기를 얻을 수 있어요.

② 독서록 작성하기

쓰기 연습도 할 겸 그날그날 읽은 책의 제목을 꾸준히 적는 겁니다. 약속 한 권수에 도달하면 자그마한 선물을 주세요. 반드시 자그마한 선물이어 야 합니다. 문구점이나 슈퍼마켓에 가서 몇천 원 내에서 원하는 것을 고 르게 하는 식으로요. 단순히 선물을 받기 위해 책을 읽고 독서록을 쓰는 것이 아니라 책을 읽음으로써 작은 행복을 얻었다는 기쁨을 느껴야 합 니다.

③ 동영상 찍기

엄마가 아이의 영어책 읽는 모습을 동영상으로 찍어줍니다. 한 달에 한 번씩 찍어서 같이 보세요. 점점 향상되는 모습에 스스로도 놀랄 겁니다. 그리고 엄마표 영어 관련 온라인 커뮤니티에 영상을 올려 (반드시 아이의 허락하에) 다른 엄마들의 칭찬 세례를 받게 합니다. 그러면 기분이 좋아 져서 더 읽을 거라며 떼를 쓸지도 몰라요. 아이의 얼굴 공개는 신중하게 하세요. 뒷모습이나 책만 나오도록 찍는 것을 권장합니다.

④ 가족에게 자랑하기

낭독회 자리를 마련해 아빠(아빠표인 경우 엄마), 할머니, 할아버지에게 영어책 읽는 모습을 선보입니다. 마이크를 설치해주어도 좋고 무대를 만들어주어도 좋습니다. 특별한 행사 같은 느낌을 주는 거지요. 읽기가 끝나면 열화와 같은 성원 보내기, 잊지 마세요.

얼마나 읽을까

유난히 독서를 좋아하는 아이들이 있어요. 한글책도 영어책도 읽기 자체를 즐기는 아이들이지요. 그런 아이들은 하루에 20권도 읽고 2시간도 읽어요. 물론 대다수의 아이들은 그렇지 않습니다. 아이가 책을 '얼마나 읽어야 하는가'가 아니라 '얼마나 읽을 수 있는가'를 먼저 생각해보았으면 합니다. 전자가 다른 아이들과의 비교 혹은 목표가 깔려 있는 의문이라면 후자는 아이 개인의 능력에 초점을 둔 것이랄까요. 사실 얼마나 읽어야 한다는 명확한 기준은 없습니다. 무조건 하루에 몇 시간을 영어에 투자해야 한다는 말도 딱히 의미가 없습니다. 어영부영 보내는 긴 시간보다 집중하는 1시간이 낫고, 유추하고 상상하며 읽는 1권이 책장만 착착 넘기며 쌓아가는 10권보다 실속 있는 독서거든요. 아이가 책을 얼마나 읽을 수 있는지 자세히 관찰하고 조금씩 늘려간다면 잘하고 있는 겁니다.

동기가 부여되었다면 그다음은 꾸준함입니다. 아이는 의지가 약하기에 습관을 잡아주어야 해요. 어린아이에게 "이렇게 의지가 약해서 어떡하니?"라고 말해보았자 소용없어요. 그렇기 때문에 아이입니다.

책의 분량이나 시간은 아이에게 맞추어주세요. 요령 피우길 좋아하는 아이와 시간 약속을 하면 대충 시간을 때우겠지요. 차라리 분량으로 약속을 정하세요. 리더스는 권수로, 챕터북은 권수나 챕터 수로, 뉴베리 소설은 페이지로 정하면 됩니다. 능력을 인정받고 싶어 하는 성향의 아이는 이렇게 분량으로 정해주면 금방 해치우기도 해요. 그렇다고 그 자리에서 바로 분량을 늘리는 것은 현명하지 못한 행동이에요. 신뢰에 금이 가니까요. 최선을 다해 빨리 끝냈는데 엄마가 쉽게 보고 분량을 늘린다면 그다음부터는 일부러 천천히 읽게 될 것이 뻔합니다. 조금 더 지켜보다가 "실력이 많이 늘었구나. 이제는 3권도 금방 읽네. 1권만 더 읽을까, 아니면 실력이 늘었으니까 다음 단계 책을 시도할까?"라고 권해보세요. 성실한 완벽주의 성향의 아이는 분량으로 정해주면 낑낑대면서도 그걸 해내느라 힘들어할지도 몰라요. 그런 아이는 시간으로 정해주세요. 30분 동안 성실히 읽었다면 다 마치지 못해도 괜찮다고 하는 거지요. 최선을 다하는 모습만으로도 칭찬해주어야 합니다.

사실 아이들은 변화무쌍한 날씨 같아요. 성실하다가도 요령을 피우고, 장난을 치다가도 사뭇 진지해지거든요. '요즘은 어떤

지' 때에 따라 적당한 방법으로 바꾸어가며 시도해야 합니다.

무엇을 읽을까

리더스

리더스나 챕터북은 권수가 어마어마해요. 다 읽으면 좋지만 그건 책을 많이 읽어서 좋다는 뜻이지 시리즈의 책을 다 읽어야 한다는 뜻은 아닙니다. 그림이나 내용이 별로인데 시리즈 완독을 위해 억지로 읽을 필요는 없어요. 그냥 넘어가자니 찝찝한 기분이 드는 마음도 이해합니다. 놓치는 내용이 있을까 봐 걱정도 되겠지요. 그러나 중요한 단어라면 그 책이 아니더라도 반드시 다른 책에서 나옵니다. 다른 책에서도 안 나오는 단어라면 지금 꼭 필요한 단어가 아닌 거고요. 다양한 책을 매일 꾸준히 읽는 습관이 중요하지, 단순한 시리즈 독파는 중요하지 않아요. 물론 책을 고르려면 약간의 시간과 노력이 필요하지만 책 고르기에 제대로 맛을 들이면 은근히 재미있답니다.

전권을 다 읽기가 부담스럽긴 하지만 시리즈만의 장점도 분명히 있습니다. 시리즈로 된 책을 읽으면 어휘를 익히기에 더 좋다고 합니다. 만약 동물과 관련된 시리즈를 읽는다면 사자를 읽을 때 나왔던 어휘들, 예를 들어 먹이, 포식자, 무리, 육식, 사냥, 고양이과 등이 호랑이를 읽을 때도 나와서 특정 어휘들이 확실하게 각인된다는 것이지요. 익숙한 어휘가 재등장하면서 알게 모르게 문장이 길어지는 ORT가 각광받는 이유이기도 합니다. 혹시 "우리 아이는 한 주제만 파요"라며 걱정하고 있나요? 괜찮습니다. 하나의 주제에 몰입하는 경험은 앞으로 깊이 있는 학습을 할 역량을 키워주는 멋진 경험이거든요. 거기에서부터 '확장'시켜나가면 되는 겁니다.

엄마가 읽어줄 때는 글의 양에 따른 순서가 중요하지 않지만 아이 스스로 읽기 시작할 때는 글의 양이 가장 적은 책부터 읽도록 해야 합니다. ORT 2, 3단계, Hello Reader 1단계, Learn to Read 1단계 정도면 무난합니다. 어제 2권을 읽었다면 오늘은 어제 읽은 2권과 새로운 2권을 읽게 하세요. 내일은 오늘 읽은 책과 새로운 책을 섞어 읽고요. 이렇게 복습 책과 새 책을 함께 읽습니다. 새로운 책을 읽을 컨디션이 아니라면 그동안 읽었던 쉬운 책을 여러 권 쌓아놓고 읽게 해도 됩니다. 반복을 많이 하는 건 전혀 해로운 일이 아니에요. 약속한 시간이나 분량을 잘 지킬 수 있도록 도와주세요.

각각의 리더스는 저마다의 단계가 있어요. 여기서 출판사마다 그 기준이 다르다는 점은 꼭 알고 있어야 합니다. 같은 1단계라도 단어 수나 문장 구조의 기준이 달라요. Hello Reader보다는 Step into Reading이, Step into Reading보다는 An I Can Read Book이 약간 높습니다. 하지만 읽다 보면 저절로 쉬운 책에 먼저 손이 가게 될 테니 순서를 엄격하게 지키기보다는 아이에게 몇 권을 주고 선택하게 하면 됩니다. 조금 더 잘 보는 책이 있다면 더 많이 보여주면 되고요.

혼자 읽다가 모르는 단어가 나오면 아이는 그림을 보고 추측을 하며 내용을 대략 넘겨짚겠지요. 리더스까지는 그렇게 유추가 가능하니까요. 그래도 모르면 엄마에게 물어보겠지요. 그러면 기꺼이 대답해주세요. 스마트폰 사전을 찾아보아도 괜찮습니다. 발음까지 들려주면 더 좋고요. 물어보면 물어본다고 "그것도 몰라? 왜 몰라? 저번에도 물어본 거잖아" 타박하고, 안 물어보면 안 물어본다고 "왜 안 물어? 이거 다 알아? 뭔데? 모르잖아. 모르는데 왜 그냥 넘어가니?" 구박하고… 그럴 필요 없습니다. 물어볼 때는 성실하게 답해주고 물어보지 않을 때는 전적으로 믿어주세요.

추천 리더스

Robert Munsch
by Robert Munsch
우스꽝스러운 장면과 의성어들이 가득해 웃다 보면 페이지가 술술 넘어가는 책입니다.

I Can Read! by Various

교과서에 실릴 정도로 좋은 작품들이 많은 시리즈. 다른 리더스에 비해 유치하지 않고 품격이 있습니다.

The Berenstain Bears

by Mike Berenstain, Stan Berenstain, Jan Berenstain

재미있는 에피소드와 함께 언제나 교훈을 남깁니다. 동서고금을 막론하고 언제 어디서나 공감할 수 있는 내용이기에 오랫동안 사랑받고 있습니다.

Hello Reader Level 3~4

by Various

Step into Reading 3~4

by Various

Usborne Young Reading

by Various

All Aboard Reading

by Various

Read It Yourself

by Ladybird

Banana Storybooks

by Various

Dinofours
by Steve Metzger,
Hans Wilhelm

Arthur Starter
by Marc Brown

Arthur Adventure
by Marc Brown

The Magic School Bus
by Various

Time to Discover Scholastic Readers
by Melvin Berger,
Gilda Berger

OLIVIA Ready to Read
by Various

Amelia Bedelia
by Herman Parish,
Lynne Avril

Frog and Toad (I can read! 2)
by Arnold Lobel

Henry and Mudge
by Cynthia Rylant,
Sucie Stevenson

Froggy
by Jonathan London,
Frank Remkiewicz

Little Princess
by Tony Ross

Mr. Men
by Roger Hargreaves

Little Miss
by Roger Hargreaves

챕터북

챕터북은 순서상 리더스 다음에 읽어야 하지만 그렇다고 리더스보다 반드시 어렵지만은 않아요. 리더스도 단계가 올라갈수록 문장이 복잡해지기 때문에 3~4단계 정도가 되면 챕터북과 난이도가 비슷해집니다.

챕터북의 진입 시기는 아이마다 다릅니다. 저희 아이들은 An I Can Read 2단계쯤에서 초기 챕터북으로 넘어갔어요. 스토리를 좋아해 상상하며 읽기를 즐겼기 때문이지요. 딱 떨어지는 내용을 좋아한다면 리더스를 3~4단계까지 더 읽어도 좋습니다.

챕터북은 리더스나 그림책과는 달리 더 이상 그림에 의존하지 않아요. 이야기가 길고, 감정이나 사건의 변화가 많아서 무엇보다 글의 흐름을 이해하는 능력이 중요합니다. 그렇기 때문에 아이가 읽고 있는 한글책 수준이 챕터북 이상인지 반드시 살펴보아야 해요. 한글 문고판 책을 읽기 어려워한다면 영어 챕터북은 힘들 수 있습니다. 아직은 그림이 더 필요하거나 누런 갱지가 싫다면 초기 챕터북을 징검다리 삼아 넘어가게 해주세요. 초기 챕터북은 대부분 AR 2점대 초반으로 챕터가 나뉘어 있지만 글이 많지 않고 그림도 크고 컬러풀해서 챕터북에 대한 심적 부담을 덜어줍니다.

챕터북으로 들어서면 아이의 성향이 더욱 두드러집니다. 흥미 있는 책을 찾아 파고들지요. 이때 어떤 책을 좋아할지 모르니 일단 각 시리즈의 첫 권을 읽어주거나 읽게 해보세요. 관심 있는 시리즈를 만나면 영어 읽기에 속도가 붙을 겁니다. 다만 너무 무리한 수준의 책이라면 당장은 재미를 느끼지 못할 수도 있어요. 한번 거절했다고 영원히 제외시키지 말고 몇 달 뒤에 다시 권해보세요. 아직 때가 아니어서 재미가 없다고 하는 경우도 있거든요. 책이 문제가 아니라 시기가 문제인 거지요.

챕터북을 읽을 즈음해 AR이라는 용어를 알아두면 좋아요. AR은 책의 수준을 학년으로 구분한 수치로 arbookfind.com에서 도서명으로 검색해 BL을 살펴 확인할 수 있어요. AR 2.4는 미국 초등학교 2학년생이 4개월간 수업을 받았을 때 읽기 적당한 수준이라는 뜻이에요. 그럼 4.8은 4학년생이 8개월간 수업을 받은 수준이겠지요? 사실 AR이 절대적 잣대는 아닙니다. 상식적으로는 2.9보다 2.3이 더 쉬워야 맞아요. 하지만 자신에게 익숙한 내용이라면, 즉 관련 경험이 있거나 한글책으로 보았거나 우리 문화와 통하는 내용이라면 2.3이 2.9보다 쉽게 읽히기도 한다는 겁니다. 그러므로 AR은 대략 큰 틀에서 순서를 정할 때 참고하면 됩니다.

AR 2~3점대까지는 원어민 아이들보다 단계가 더 빠르게 올라가는 아이들도 있어요. 미국에서는 읽기를 급하게 시키지 않기 때문에 1학년생이 읽는 AR 1점대 책은 그리 어렵지 않거든요. 그러나 그 아이들은 잘 읽지만 못할 뿐 다 알아들어요. 따라서 읽기 수준이 더 높다고 해서 우리나라 아이들이 영어를 더 잘한다고 말할 수는 없습니다. 우리나라 아이들이 AR 3점대 즈음에서 주춤하는 이유는 모국어만큼 많이 영어에 노출되지 않았기 때문인데, 이를 극복하는 방법은 모국어의 수준을 끌어올리는 것입니다. 다시 말해 모국어를 통해 언어에 대한 이해를 높이고 배경지식을 쌓으면 영어 수준을 올리는 데 도움이 된다는 뜻입니다.

유아 때는 눈앞의 결과만을 보고 영어에 치중하는 경우가 많아요. 하지만 초등 고학년이 되고 중학생이 되면 영어의 발목을 잡는 것이 '우리말'이라는 사실을 알게 되지요. 유아 때나 초등 저학년 때의 영어 실력이 우리말보다 앞선다고 해서 계속 그렇지만은 않습니다. 초반에는 영어 실력의 향상 속도가 다소 느려 보여도 결국에는 우리말 실력이 높은 아이들이 영어를 훨씬 빨리 받아들이고 이해하게 되거든요. 고급스럽고 세련된 우리말을 구사하지 못한다면 당연히 고급스럽고 세련된 영어는 꿈도 꾸지 못합니다. 그래서 영어를 거부하는 경우 한글책 수준을 확 끌어올리는 것도 하나의 방법이에요. 한글 독서를 등한시하면서 영어 수준을 올리는 데는 한계가 있습니다.

그리고 배경지식을 잘 쌓으려면 '독서를 독서답게' 해야 합니다. 책을 특징에 맞게 읽는 것이지요. 개구리의 한살이를 읽었다면 개구리에 대한 과학적 지식을 얻어야 해요. 재미있는 창작 스토리를 읽었다면 특정 포인트를 찾아 웃을 줄 알아야 합니다. 성장 동화를 읽으면서는 주인공에 동화되어 슬퍼하기도, 용기를 얻기도 하고요. 그저 글자를 읽는 것만으로는 독서의 참 기쁨을 얻을 수도 없고 앞으로 나아가기도 어려워요. 적은 권수라도 느끼면서, 배우면서, 생각하면서 읽는 것이 생각 없이 많이 읽는 것보다 더 빠르게 수준을 끌어올릴 수 있어요.

추천 초기 챕터북

Iris and Walter
by Elissa Haden Guest, Christine Davenier
잔잔하면서 따뜻한 이야기로 그림이 주는 편안함이 있습니다. 시리즈가 많지 않아 금방 성취감을 느낄 수 있어요.

Mercy Watson
by Kate DiCamillo,
Chris Van Dusen

Chameleons
by Various

Rockets
by Various

Starters
by Various

Mr. Putter & Tabby Pour
by Cynthia Rylant,
Arthur Howard

Seriously Silly Colour
by Laurence Anholt,
Arthur Robins

Nate the Great
by Various

Fly Guy
by Tedd Arnold

추천 AR 2점대 챕터북

Marvin Redpost
by Louis Sachar

8권짜리 챕터북으로 각각의 에피소드가 재미납니다. 스토리 구성을 탄탄하게 잘 만드는 작가입니다.

Magic Tree House
by Mary Pope Osborne

간결하고 깔끔한 문장으로 쉽게 이해가 되는 편입니다. 2점대 진입 초기에 읽기 좋아요. 다양한 배경 속으로 떠나 미션을 하나씩 수행하는 스토리도 흥미롭지요.

Cam Jansen
by David A. Adler

Black Lagoon Adventures
by Mike Thaler,
Jared Lee

A to Z Mysteries
by Ron Roy,
John Steven
Gurney

The Tiara Club
by Vivian French,
Sarah Gibb

The Zack Files
by Dan Greenburg,
Jack E. Davis

Junie B. Jones
by Barbara Park,
Denise Brunkus

Andrew Lost
by J. C. Greenburg

Roscoe Riley Rules
by Katherine
Applegate,
Brian Biggs

Rainbow Magic
by Daisy Meadows

추천 AR 3점대 챕터북

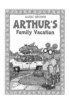

A Classic Arthur Adventure
by Marc Brown

DVD와 함께 사랑받는 책입니다. 집, 학교, 사회 등 가까운 배경을 소재로 다루어 친근하지요.

Gooney Bird
by Lois Lowry

삐삐와 앤을 섞어놓은 듯한 주인공의 매력에 빠지지 않을
수 없어요. 믿고 보는 작가 Lois Lowry의 책입니다.

My Weird School
by Dan Gutman,
Jim Paillot

Geronimo Stilton
by Geronimo Stilton

Judy Moody
by Megan McDonald,
Peter H. Reynolds

The Treehouse Books
by Andy Griffiths,
Terry Denton

Horrible Harry
by Suzy Kline,
Frank Remkiewicz

Ready, Freddy
by Abby Klein,
John Mckinley

Dirty Bertie
by Alan MacDonald
PhD

Captain Underpants
by Dav Pilkey

Garfield
by Jim Davis

The Magic School Bus
by Various

Ricky Ricotta's Mighty Robot
by Dav Pilkey,
　　Dan Santat

Flat Stanley
by Jeff Brown,
　　Macky Pamintuan

Who Was
by Various

그림책

리더스를 꾸준히 읽더라도 그림책만큼은 잊지 말고 하나씩은 꼭 읽었으면 해요. 유아 시절에 반복하고 인지하는 노부영 위주의 그림책을 읽었다면 이제는 스토리가 탄탄한 그림책을 볼 차례입니다. 자칫 건조해지기 쉬운 영어책 읽기를 감성으로 물들게 해주지요. 리더스처럼 단계별로 나오지 않고 쉬운 문장과 어려운 문장이 섞여 있어 쉽게 보려면 쉽고 어렵게 보려면 어려운 것이 그림책입니다. 따라서 유효 기간이 짧은 리더스나 챕터북과는 달리 그림책은 소장해도 좋을 만큼 볼 때마다 다른 느낌을 준답니다. 엄마 역시 그림책을 읽으며 해맑게 미소를 짓거나 눈물을 글썽거리거나 치유를 받기도 하지요. 그림책은 뭐랄까요, 가볍지 않습니다. 글이 아닌 마음으로 읽는 책이거든요. 그림책을 어떻게 골라야 할지 잘 모르겠다면 일단 '칼데콧 수상작'부터 찾아보면서 안목을 키워보세요. 칼데콧상Caldecott Medal은 매년 미국어린이도서관협회에서 그해 가장 뛰어난 창작 그림책을 쓴 작가에게 주는 문학상이에요. 내용과 그림이 모두 검증된, 전 세계에서 사랑받는 책이니 선택 장애를 겪고 있을 때 도움이 되겠지요? 그리고 어느 정도 그림책을 보다 보면 좋아하는 작가가 생겨요. 이른바 팬이 되는 거지요. 좋아하는 작가의 책을 하나씩 하나씩 구해 보면서 작가와 책의 특징을 살펴보는 것도 좋은 독서법이에요.

* 미국 아마존(amazon.com) 사이트 칼데콧 수상작 화면.

Product details

Age Range: 4 - 8 years
Grade Level: Preschool - 3
Lexile Measure: 490 (What's this?)
Hardcover: 32 pages
Publisher: Candlewick (April 10, 2018)
Language: English
ISBN-10: 0763693553
ISBN-13: 978-0763693558
Product Dimensions: 9.4 x 0.4 x 9.9 inches
Shipping Weight: 12.8 ounces (View shipping rates and policies)
Average Customer Review: ☆☆☆☆☆ ∨ 56 customer reviews
Amazon Best Sellers Rank: #3,460 in Books (See Top 100 in Books)
    #1 in Children's Central & South America Books
    #75 in Children's Self-Esteem Books
    #16 in Children's Multigenerational Family Life

미국 아마존(amazon.com) 사이트 책 정보 화면. 타깃 독자의 연령, 학년, 렉사일(책의 난이도를 단어의 수와 이해도로 측정하는 독서지수) 등을 확인할 수 있다.

책장을 천천히 넘기며 그림을 꼼꼼히 들여다보세요. 모든 그림은 허투루 그린 것이 아니랍니다. 디테일에 감추어진 의미를 찾거나 아이만의 상상을 끄집어낼 수 있으면 좋겠어요. 아이 혼자 읽더라도 엄마가 책에 대해 물어보고 관심을 보여주세요. 표지나 내지의 그림을 보고 질문해도 좋고 검색으로 내용을 찾아본 뒤에 질문해도 괜찮습니다.

"어머, 지난번에 본 그림체랑 비슷하네. 같은 작가의 그림이니?"

"수채화풍의 그림이구나. 엄마는 이런 색감이 너무 좋더라."

"어쩜 이렇게 짓궂게 그릴 수가 있을까? 내용도 웃기니?"

"제목을 보니 밸런타인데이 이야기네? 고백받는 내용이야?"

"글은 적은데 마음이 꽉 차는 내용이더라. 너는 어땠어?"

"이 책 보니까 할머니 생각난다. 그치?"

"우리나라 치과랑 비교해보니 어때? 미국 치과랑 달라?"

추천 그림책

 ### Nana Upstairs and Nana Downstairs
by Tomie dePaola

작가의 자전적인 이야기 중 하나입니다. 할머니에 대한 사랑과 그리움, 그리고 추억을 직접 그린 그림으로 잘 표현했습니다.

 ### An Elephant and Piggie 시리즈
by Mo Willems

Pigeon과 함께 인기 있는 시리즈입니다. 코끼리와 돼지의 사랑스러운 우정을 간결하지만 위트 있는 대화로 표현해 쉽지 않은데도 쉽게 느껴지는, 그래서 자꾸만 보고 싶어지는 책입니다.

 ### The Gardener
by Sarah Stewart, David Small

대공황 시기 집을 떠나 외삼촌 집에서 지내야 했던 어린 소녀의 이야기를 예쁜 그림과 더불어 편지글 형식으로 볼 수 있습니다. 절망이 희망으로 변해가는 과정을 느껴보세요.

Charlie and Lola 시리즈
by Grosset & Dunlap

Little Critter 시리즈
by Mercer Mayer

Curious George 시리즈
by H. A. Rey

Doctor De Soto
by William Steig

Sylvester and the Magic Pebble
by William Steig

Now One Foot, Now the Other
by Tomie dePaola

The Invisible Boy
by Trudy Ludwig, Patrice Barton

A Color of His Own
by Leo Lionni

Alexander and the Wind-Up Mouse
by Leo Lionni

The Man Who Walked Between the Towers
by Mordicai Gerstein

The Giving Tree
by Shel Silverstein

Owl Moon
by Jane Yolen,
John Schoenherr

The True Story of the 3 Little Pigs
by Jon Scieszka,
Lane Smith

Frederick
by Leo Lionni

Tunnels
by Roderick Gordon,
Brian Williams

Knock, Knock! Who's There?
by Tad Hills

Piggybook
by Anthony Browne

Harold and the Purple Crayon
by Crockett Johnson

The Foggy Foggy Forest
by Nick Sharratt

I Want My Hat Back
by Jon Klassen

Peter's Chair
by Ezra Jack Keats

Oliver Button Is a Sissy
by Tomie dePaola

Knuffle Bunny
by Mo Willems

Corduroy
by Don Freeman

The Big Umbrella
by Amy June Bates,
Juniper Bates

The Snowy Day
by Ezra Jack Keats

The Paper Bag Princess
by Robert Munsch,
Michael Martchenko

Where the Wild Things Are
by Maurice Sendak

Don't Let the Pigeon Drive the Bus!
by Mo Willems

Love You Forever
by Robert Munsch,
Sheila McGraw

A Bad Case of Stripes
by David Shannon

My Teacher Is a Monster!
by Peter Brown

Waiting
by Kevin Henkes

The Polar Express
by Chris Van Allsburg

The Little House
by Virginia Lee Burton

John Patrick Norman McHennessy-The Boy Who Was Always Late
by John Burningham

When I Was Five
by Arthur Howard

Elmer
by David Mckee

A Chair for My Mother
by Vera B Williams

Thank You, Mr. Falker
by Patricia Polacco

The Library
by Sarah Stewart,
David Small

Extra Yarn
by Mac Barnett,
Jon Klassen

Dog Breath
by Dav Pilkey

엄마표 영어 듣기

읽기보다 듣기가 먼저여야 한다는 사실은 두말할 필요가 없습니다. 우리말도 듣고 이해한 뒤에 글자를 배우기 시작했잖아요. 내가 쓰는 말과 내가 듣는 말이 무엇인지 안다면 읽는 속도는 빨라질 수밖에 없습니다. '하늘이 파랗다'가 무슨 뜻인지 들어서 안다면 읽는 순간 바로 '아, 하늘이 파랗구나' 이해를 한다는 거지요. 그러나 글자를 읽고도 '하늘'이 뭔지, '파랗다'가 뭔지 모른다면 읽었다고 하기 어려워요. 즉, 영어의 시작이 파닉스가 아니어도 상관없다는 겁니다.

초등 6학년까지는 어떻게든 날마다 하루에 1시간 정도는 듣는 게 좋아요. 중학교에 입학하면 하루에 1시간을 내기가 생각보다 어렵습니다. 게다가 아이는 이 시간을 놀이로 인식하기 때문에 '공부 1시간'과는 질적으로 다르지요. 지나고 나면 얼마나 축복의 시간이었는지 아이도 분명 그리워할 겁니다. 먼저 아이와 영상 시청 시간을 정하세요. 공부와 공부 사이, 머리 쓰는 일 전후나 쉬고 싶을 때, 간식을 먹으면서 보는 방법도 괜찮아요. 시도 때도 없이 보는 것보다는 정해진 시간에 보는 것이 중독과 대충 임하는 자세를 막아줍니다.

요즘은 스마트 기기끼리 연동도 쉽고 아이디만 있으면 여러 기기에서 접속도 가능해요. 예를 들면 넷플릭스, 리틀팍스, 유튜브의 영상을 TV, 컴퓨터, 스마트폰에서 모두 볼 수 있어요. 그런데 이때 화면이 작으면 작을수록 가까이 보게 되고, 전자파의 노출이 많아지며, 무엇보다 주변을 보지 못한다는 문제가 생겨요. '스몸비Smombie'라고 스마트폰을 보면서 좀비처럼 걸어 다니는 사람들이 점점 늘어나고 있습니다. 영상은 가능하면 큰 화면으로 보여주세요. 시야가 넓어져야 생각도 넓어집니다.

온라인 동화

유아기에 영어를 많이 듣지 못해 마음이 급하더라도 읽기로 들어가기 전에는 듣기부터 충분히 해야 합니다. 아무리 배가 고파도 씹지 않고 삼키면 안 되는 것처럼요. 요즘은 읽기와 듣기 모두에 도움이 되는 온라인 동화나 책도 많아졌어요. 적절히 활용했으면 합니다.

'리틀팍스'는 엄마표 영어에서 많이 활용하는 사이트입니다. 글자를 몰라도 동화를 보면서 소리로 먼저 영어를 익힐 수 있지요. 자막 없이 전체 영상을 본 뒤에 한 문장씩 나누어 자막과 함께 보여주세요. 자막과 함께 볼 때는 따라 읽기를 하면 좋습니다. 잘 읽지 못한다면 들리는 대로 따라 하면 되고요. 듣기, 읽기, 말하기를 동시에 연습하는 거지요. 쉽고 재미있는 내용을 골라 하나만 따라 해보자고 하세요. "우아, 발음이 진짜 똑같네", "큰 목소리가 참 듣기 좋다", "엄마보다 잘하네" 등과 같은 칭찬은 기본이겠지요? 리틀팍스의 동화는 출력해서 책을 만들 수도 있고, 녹음해서 자신의 소리를 들어볼 수도 있고, 단어나 내용을 확인하는 문제도 풀 수 있습니다. 영어에 자신 없는 엄마를 위해서 번역도 되어 있고요. 그러나 순수한 듣기가 가장 큰 목적이니 책 만들기, 녹음하기, 문제 풀기는 억지로 시키지 않아도 괜찮습니다. 리틀팍스에는 계속해서 새로운 동화가 올라와요. 엄마가 드라마를 기다리듯 아이는 좋아하는 동화의 다음 편을 기다립니다.

때때로 아이는 자신의 수준보다 높은 단계의 동화를 보겠다고 고집을 부리기도 합니다. 수준에 맞추어 보라며 높은 단계로의 점프를 절대 허용하지 않는 엄마도 있고요. 그러나 가만히 생각해보면 아이들은 원래 어른들의 말이나 TV에서 나오는 대화를 상당수 알아듣지 못한다는 사실을 알 수 있을 겁니다. 저는 아이들이 모든 내용을 다 이해하면서 어른들의 말을 듣거나 TV를 본다고 생각하지 않아요. 그래도 그냥 듣고 또 보잖아요. 아이들은 이미 알아듣지 못하는 상황에 무척 익숙합니다. 만약 높은 단계의 동화를 볼 때 그림이나 상황으로도 이해가 되지 않는다면 아마 알아서 그만 볼 거예요. 그러니 단계나 수준 때문에 아이를 불쾌하게 만들지 않았으면 좋겠어요. 그보다는 보고 싶은 것, 듣고 싶은 것 위주로 선택하면 됩니다.

'라즈키즈'나 '리딩게이트' 역시 온라인으로 다독과 정독을 할 수 있는 프로그램이에요. 문제도 풀고 녹음도 하면서 꼼꼼하게 읽고 넘어갈 수 있습니다. 특히 논픽션 분야가 잘되어 있어서 과학을 좋아하는 아이들의 호기심을 충족시켜주지요. 리틀팍스처럼 움직이는 동화가 아니라 E-book 형태로 놀이보다는 학습의 성격이 더 두드러지지만 확인 문제를 풀고 정확하게 공부한 흔적을 남기길 좋아한다면 적합한 프로그램입니다. '리틀팍스'가 흘려듣기와 흥미 위주라면 '라즈키즈'나 '리딩게이트'는 집중 듣기와 정독의 느낌이에요. 모든 프로그램이 좋지만 전부 할 수는 없습니다. 좋아도 적당히 하나만 골라서 꾸준히 하는 편이 더 효과적이겠지요?

리틀팍스	라즈키즈	리딩게이트
littlefox.co.kr	razkidskorea.modoo.at	readinggate.com

애니메이션

영어를 말로 배우려면 생활 속의 언어, 살아 있는 언어, 사람과 사람 사이의 언어를 배워야 해요. 그러나 현실을 생각하면 쉽지 않지요. 그나마 가장 좋은 방법이 영상 보기가 아닐까 합니다.

DVD용으로 나온 애니메이션은 두 종류가 있습니다. 여러 편의 에피소드가 들어 있는 짧은 애니메이션과 화려하고 긴 극장판 애니메이션이지요. 유치원 시기에 단편 애니메이션을 많이 보았다면 지금부터는 디즈니, 픽사, 드림웍스에서 만든 장편 애니메이션도 서서히 보여주세요. 스토리가 재미있어 흠뻑 빠져들 수 있으니까요. 그러나 이제 막 영어 노출을 시작했다면 단편 애니메이션부터 보여주는 편이 좋습니다. 장편 애니메이션의 경우 영상과 음향에 대사가 묻히거나 빠른 말투 때문에 정확히 알아들을 수가 없어 소리에 집중하지 못하고 영상만 볼 수 있거든요. 아기에게 이야기할 때 보면 아주 천천히 또박또박 말해주잖아요. 먼저 그렇게 말해주는 단편 애니메이션을 6개월에서 1년 이상 충분히 보여주세요.

애니메이션을 통해 아이는 의사소통 중심의 영어를 익히게 됩니다. 다양한 상황을 만나고 수많은 대화를 접하게 되지요. 어떤 상황에서 정해진 하나의 표현만을 사용하는 건 아니잖아요. 회화책이나 교과서에서 외운 대로 대화는 이루어지지 않습니다. 그렇기 때문에 가능한 많은 상황을 간접적으로라도 많이 경험하게 해야 합니다. 이제는 의사소통 중심의 시대예요. 1~5번 중 정답만 잘 고르면 무슨 소용일까요? 외국인 앞에만 서면 눈을 내리깔거나 먼 산을 쳐다보며 "어… 음…"만 하고 있는데요.

아이가 반복을 좋아하는 성향이라면 DVD 구매도 추천합니다. 영상이 끝나도 다른 프로그램으로 빠질 염려가 없고 시간 조절이 편리하거든요. 아이가 무엇을 볼지 선택할 때도 눈앞에 실물이 있기 때문에 고르기가 수월하고요. 다만 아이가 반복을 싫어하는 성향이라면 DVD 구매는 부담될 수 있습니다. 이럴 때는 넷플릭스의 월정액을 이용해보세요. 만약 이용하신다면 넷플릭스에는 어른들이 보는 콘텐츠가 많기 때문에 아이와 볼 때는 바로 '넷플릭스 키즈'로 들어가는 습관을 들여야겠지요? 단편과 장편 애니메이션뿐만 아니라 실사 영화까지 엄마표 영어에 필요한 대부분의 영상을 보유해 무척 유용합니다. 다만 선택의 폭이 너무 넓고 수준이 나뉘어 있지 않다 보니 아이가 화면만 보고 고르기가 쉽지 않아요. "오늘은 Arthur 볼래, Ben 10 볼래? 아니면 보고 싶은 거 있니?" 영상 서너 개를 주고 그중에서 선택하게 하면 아이 입장에서는 편하겠지요. 시리즈의 경우 자동으로 연결 재생되므로 시간 조절에 유의해야 합니다. "이것만 보고 끄는 거야. 알겠지?" 약속을 하고 끝날 즈음에 엄마가 미리 "거의 다 끝나가네. 끝나면 알려줘"라고 깨우쳐줍니다.

　물론 유튜브를 통해 볼 수도 있지요. 그러나 유튜브는 화질과 음질이 좋지 않은 경우가 많고 저작권 등의 이유로 갑자기 사라지기도 합니다. 무엇보다 아이들이 유튜브를 직접 조작하는 건 이후 감당하기 어려운 위험에 노출시킬 가능성이 높아 권하고 싶지 않네요. 유튜브 세상에서 아이들이 무방비로 콘텐츠를 접한다는 생각만 해도 아찔합니다. 꼭 유튜브를 보아야겠다면 'YouTube KIDS' 애플리케이션을 이용하세요. 아이들에게 부적절한 콘텐츠를 최대한 걸러냈을 뿐만 아니라 자물쇠 표시에서 시간을 설정해두면 그 시간 이후에는 잠기게 됩니다. 하지만 필터링 기능이 완벽하지 않기 때문에 부모가 계속 주시해야겠지요.

넷플릭스
netflix.com

YouTube KIDS
kids.youtube.com

추천 단편 영상

 Arthur

일상의 공감을 끌어내고 올바른 생활 영어를 익힐 수 있는 아서 시리즈는 DVD와 책으로 모두 사랑받고 있습니다. 국민 오빠 Arthur와 여동생 D.W의 가족, 학교, 친구 이야기는 유치원생부터 초등 고학년까지 모두 좋아합니다.

 The Magic School Bus

독특한 선생님과 매직 스쿨버스를 타고 떠나는 과학 모험. 반 아이들의 개성 있는 행동도 재미있고 과학 지식도 얻을 수 있어요.

 Eloise

 Curious George

 The Berenstain Bears

 **Time Warp Trio**

Ben 10

 Angelina
Ballerina

 Geronimo
Stilton

 Horrid
Henry

 The
Adventures
of Tintin

 Charlie
Brown
시리즈

추천 장편 영상

 사운드 오브 뮤직 The Sound Of Music
오래된 영화지만 아직도 익숙한 노래들이 나오지요. 영상
도 보고 노래도 배우는 일석이조의 영화입니다.

모아나 Moana

섬을 지키기 위해 역경을 이겨내면서 정체성을 찾아가는 소녀의 성장 이야기로 아름다운 영상과 음악이 감상에 한 몫을 하지요.

라이온 킹 The Lion King

어린 사자 심바가 왕이 되기까지의 이야기로 여러 동물들을 통해 우리의 모습을 되돌아볼 수 있어요. 아프리카 초원의 웅장함을 느껴보세요. 뮤지컬로도 유명하답니다.

메리 포핀스
Mary Poppins

오즈의 마법사
The Wizard of Oz

내니 맥피
Nanny McPhee

스튜어트 리틀
Stuart Little

샬롯의 거미줄
Charlotte's Web

피노키오
Pinocchio

겨울왕국
Frozen

업
Up

빅 히어로
Big Hero

가디언즈
Rise Of the Guardians

피터팬
Peter Pan

미녀와 야수
Beauty and the Beast

알라딘
Aladdin

제임스와 거대한 복숭아
James and the Giant Peach

뮬란
Mulan

니모를 찾아서
Finding Nemo

인크레더블
The Incredibles

로빈슨 가족
Meet the Robinsons

볼트
Bolt

**메리다와
마법의 숲**
Brave

슈렉
Shrek

쿵푸팬더
Kung Fu Panda

드래곤 길들이기
How to Train Your
Dragon

주먹왕 랄프
Wreck-It Ralph

라푼젤
Tangled

카
Cars

인사이드 아웃
Inside Out

곰돌이 푸
Winnie the Pooh

애니
Annie

벤지
Benji

이티
E.T.

집중 듣기

음원을 틀어놓고 글자와 소리를 맞추어가며 듣는 행위를 '집중 듣기'라고 합니다. 힘들여 읽지 않아도 되기에 아이의 부담을 덜어주고, 원어민의 소리로 듣기에 바른 억양과 발음을 익힐 수 있습니다. 그러나 글자에서 잠시도 눈을 뗄 수가 없고, 그림을 볼 여유를 놓치며, 모르는 어휘를 유추할 시간이 없다는 단점도 있지요. 그렇기 때문에 책의 난이도에 따라 집중 듣기 방법을 달리했으면 합니다.

리더스 2단계까지는 엄마가 읽어주거나 아이가 먼저 읽고 나서 집중 듣기를 나중에 하는 편이 좋습니다. 유추할 능력이 부족한데다 그림도 보아야 하는데 내용에 대한 이해 없이 집중 듣기를 하면 무슨 말인지 몰라 지겹고 무의미한 시간이 될 수 있거든요. 하지만 먼저 읽어서 이해한 뒤에 소리에만 집중하면 유창한 읽기의 역할 모델을 경험할 수 있어요.

리더스 2단계부터 AR 2점대까지는 집중 듣기와 스스로 읽는 책을 동시에 병행하면 좋아요. 들어서 알면 읽을 수 있고, 읽을 수 있으면 들어서 알 수 있어야 합니다. 듣기 수준만 훌쩍 올라가 읽기와의 차이가 커지면 아이가 스스로 읽기를 거부할 수 있거든요. 언젠가는 따라잡으니 큰 문제는 아니지만 듣기와 읽기가 비슷하게 가는 것이 편하긴 합니다. 읽기 시간 중 일정 부분을 떼어 집중 듣기를 하도록 해주세요.

챕터북 AR 3점대부터는 집중 듣기를 먼저 해도 괜찮습니다. 이 정도 수준이면 못 읽는 게 아니라 단지 귀찮아서 눈으로 읽는 걸 싫어하거든요. 오디오북과 맞추어 읽어도 내용을 이해하는 데 큰 지장이 없기 때문에 집중 듣기를 먼저 하고 그 책을 다시 혼자 읽어보는 거지요.

엄마표 영어를 하는 아이들 중 일부는 맹목적으로 집중 듣기를 하면서 권수 채우기에만 집착하더라고요. 책을 읽는 목적은 이해하고 느끼고 아는 것입니다. 책을 읽고도 아무런 느낌이 없고 알아낸 것도 없다면 제대로 된 독서라 보기 어렵지요. 집중 듣기 때문에 독서의 재미를 느끼지 못한다면 차라리 스스로 즐겁게 읽는 편이 낫습니다. 집중 듣기는 아이가 원한다면 시기적절하게 활용하고, 아이가 원하지 않는다면 다른 방법으로 듣기를 충족시켜주면 됩니다.

흘려듣기

즐겨 보는 영어 동화나 애니메이션, 또는 읽은 책의 소리만 틀어주는 방법도 있어요. 식사 시간이나 놀이 시간에 틀어놓고 귀 훈련을 하는 거지요. 거부감 없이 그대로 듣는 아이도 있고 듣기 싫다고 하는 아이도 있습니다. 듣고 싶지 않은데 들려주는 건 소음이에요. "그림 그리는 동안 라이온 킹 들려줄까?"라고 먼저 물어보거나 "시끄러우면 말해"라고 해주세요. 가장 좋은 건 슬쩍 틀어주는 겁니다. 끄라고 하면 끄면 되지요. 소리를 트는 일 자체는 부지런히 해주세요.

엄마표 영어 말하기

소리 내어 읽기

아이들 책은 대부분 회화체로 되어 있어요. 그렇기 때문에 연극을 하듯 실감나게 읽기만 해도 말하기 연습이 되지요. 책을 읽으면서 엄마가 되었다 아빠가 되었다 선생님이 되기도 하고 노인이 되기도 합니다. 농담도 하고 화도 내고 설득도 하지요. 이러한 간접 경험이 많을수록 상황에 맞는 적절한 표현을 만들어 쓰기가 좋아요. 회화책을 열심히 외워보았자 현실에서 책에 있는 그대로, 그 순서대로 말이 오가지는 않으니까요.

아이가 영어책을 제법 유창하게 읽게 되면 눈으로만 읽으려고 할 겁니다. 아무래도 소리를 내서 읽으면 입도 아프고 속도도 느리고 귀찮으니까요. "소리를 내서 읽으면 말하기 연습도 되고 발음도 좋아진대. 작은 소리로 5분이라도 읽으면 좋겠어"라고 권하거나 활동 중인 온라인 모임에 꾸준히 읽기 녹음을 올리는 등의 노력으로 소리 내어 읽기를 가능한 오래 하면 좋겠습니다.

요약해서 말하기

읽은 책의 내용을 요약해서 말하도록 이끌어주세요. 물론 먼저 생각을 정리하는 과정이 필요하겠지요. 엄마가 영어를 못해도 생각 정리는 얼마든지 도와줄 수 있어요. 어떤 내용이었는지 대화를 나누는 거지요. 리더스 1단계 정도의 간단하고 쉬운 책부터 시작합니다. 아이가 말하는 동안 엄마는 재빨리 메모를 해두세요. 다음은 『When Sophie Gets Angry-Really, Really Angry…』를 읽고 엄마와 아이가 나누는 요약해서 말하기 예시입니다.

엄마: 이 책으로 요약하기를 해보려고 해. 근데 무슨 내용이었지?

아이: Sophie가 화난 이야기예요. Sophie is angry.

엄마: 맞아, Sophie가 화가 많이 났지. (angry라고 적는다) 근데 왜 화가 났지?

아이: Sophie가 가지고 놀던 장난감을 sister가 가져갔는데 엄마가 her turn이라고 했어요.

엄마: 인형을 홱 뺏어갔지. 근데 엄마가 Sophie 마음도 모르고 her turn 이라고 했네. (toy, her turn이라고 적는다)

아이: 그래서 문을 쾅 닫고 밖으로 나갔어요. 나무도 보고, 새도 보고, 또… 음… 나무에 올라가서 바다도 보고요.

엄마: (door, tree, bird, sea를 적는다) 그랬지. 그래서 어떻게 되었지?

아이: 그냥 화가 풀렸어요. 그래서 집에 와서 다시 재미있게 놀았어요.

엄마: 그렇구나. 그렇게 책이 끝났지. (came home, play를 적는다) 근데

화가 풀렸다는 걸 영어로 어떻게 말할까?

아이: 몰라요. 음… 뭐라고 말하지?

엄마: 화가 났다가 안 났으니까 "이제 화가 안 났다"라고 하면 되지 않을까?

아이: 그럼 "She is not angry anymore"이라고 해야지.

엄마: (angry anymore이라고 적는다) 자, 이제 이 메모를 보고 한번 요약해볼래?

이처럼 요약해서 말하기를 한 뒤에 엄마의 메모를 보면서 영어 문장을 만들어보라고 합니다.

angry.
toy. her turn.
door.
free. bird. sea.
came home
play
angry anymore

『When Sophie Gets Angry—Really, Really Angry…』 요약해서 말하기 메모 내용.

• angry - Sophie got angry. very very angry.

- **toy, her turn** - Because Sophie's sister grab away her toy, the Gorilla toy. But her mother said, "It's her turn now."
- **door** - Sophie slam the door and ran out.
- **tree, bird, sea** - and see trees, birds and climbed up the tree and see the sea.
- **came home** - Sophie climbed down the tree and came home.
- **play** - and play with her family.
- **angry anymore** - Because she is not angry anymore.

중간에 빠진 내용도 많고 시제와 문법도 엉망이지만 괜찮습니다. 외국인을 만나면 입도 뻥긋 못하는 엄마나 아빠보다 백배는 낫잖아요. 생각을 정리해서 말로 옮기는 과정을 기특하게 보아주어야 해요. 엄마 미소를 한가득 보여주세요. 문법적 오류는 문법을 배우기 시작하면 그때부터 수정해도 됩니다. 일단은 쓰기가 편해져야 해요. 이런 과정이 익숙해지면 메모 없이 대화만으로 문장을 만들어나갈 거예요. 여기서 더 나아가면 엄마와의 대화 없이도 스스로 요약이 가능해집니다.

기억해서 말하기

전체를 요약하는 말하기와는 다르게 특정 내용만을 기억해서 말로 해보는 겁니다. 예를 들어 『Amelia Bedelia』에는 부부가 가사 도우미 Amelia에게 해야 할 일들을 리스트로 작성해주는 내용이 나와요. 그런데 잘못 이해한 Amelia가 일을 엉뚱하게 해 놓지요. 어떤 리스트였는지 물어보는 겁니다.

엄마: Amelia가 things to do list를 잘못 알아듣고 실수했잖아. 그 내용이 뭐였지? 생각나는 것만 말해볼래?

아이: Dust the furniture, Draw the drapes and⋯ Put the lights out, 음⋯

엄마: towel 어쩌고 하지 않았나?

아이: 아, 맞다. Change the towels in the bathroom. 또 뭐가 있었는데⋯

엄마: 쌀⋯?

아이: Measure⋯

엄마: (손가락 2개를 펴 보인다)

아이: Measure two cups of rice.

엄마: Good job! 여기까지 기억해낸 것만으로도 기특해.

Show and Tell

원서를 읽다 보면 아이들이 학교에서 Show and Tell을 하는 장면이 종종 나와요. 쉽게 말하면 자기가 소개하고 싶은 것을 친구들에게 보여주면서 발표하는 겁니다. 발표가 끝나면 질문을 받기도 하고요. 가장 좋아하는 물건, 애완동물, 기억에 남는 선물, 소개하고 싶은 책, '빨강' 하면 떠오르는 것 등 물건을 보여주면서 소개해도 좋고 사진을 보여주면서 이야기를 할 수도 있어요.

(도마뱀 인형을 들고 보여주며)

My family went to the Aquarium.

I bought this toy lizard there.

As you can see, the color is so beautiful like rainbow and the skin is silky.

I like my lizard.

I named it Liz.

We'll be best friends.

말하기 위해 아이는 표현하고 싶은 단어를 찾아봅니다. 문장을 만들고 연습을 하고 발표를 합니다. 물론 집이니까 가족 앞에서 하는 거지요. 그래도 가능하면 단상도 만들어주고 관객들도 바른 자세로 앉아서 경청해주세요. 발표가 끝나면 "Why did you name it Liz?"처럼 내용과 관련된 질문을 해도 좋겠지요. 물론 우리말로 질문해도 되지만 아이에게는 영어로 답변을 부탁해보세요. 이렇게 Show and Tell 하는 모습을 영상으로 찍어 자료로 모아두세요. 한 달에 한 번이든 두 달에 한 번이든 기분 좋을 때 찍습니다. 그리고 아이와 함께 보면서 얼마나 발전했는지 확인하는 겁니다. 맨날 제자리처럼 보여도 자료를 남겨두면 계속해서 성장하고 있음을 알 수 있답니다. 벽에 그어놓은 키 재기 표시 같이 말이에요.

원어민과 대화하기

말하기는 성격과 밀접한 관계가 있어요. 말수가 적은 아이는 영어를 잘해도 입을 떼려 하지 않을 겁니다. 입이 근질거리는 아이는 틀려도 개의치 않고 떠들어댈 테고요. 여기서 중요한 것은 '내가 말하고 싶을 때 말을 하는가'입니다.

아이가 원한다면 원어민과 이야기할 기회를 주는 것은 나쁘지 않지요. 실제로 영어를 써야 하니 영어에 대한 동기 부여가 되기도 하고요. 다만 알아듣는 말도 별로 없고 할 수 있는 말도 별로 없다면 효과가 떨어집니다. 듣기를 꾸준히 해서 단편 애니메이션의 생활 영어를 알아듣고, 챕터북을 스스로 읽거나 리더스를 요약해서 말할 수 있을 즈음이 비용 대비 효과 면에서 적기라고 생각해요. 원어민의 지시 사항이나 질문을 알아듣고 부족하나마 의사를 표현할 정도가 되면 말하기 실력이 빠르게 늘기 때문입니다. 그동안 쌓인 표현들을 꺼내 쓰는 일이라 외워서 말하기와는 다르거든요. 원어민도 영어를 영어로 설명할 수 있어 한결 편하게 대화하게 되고요.

그런데 원어민 선생님 찾기가 여간해서는 쉬운 일이 아닙니다. 특히 대도시가 아닌 경우에는 더욱 어렵고요. 평소 맘카페나 주변 지인을 통해 정보가 있을 때 미리미리 메모하거나 입소문에 의지하는 수밖에 없어요. 하지만 요즘은 회의도 화상으로 하는 시대잖아요. 초등생 정도라면 화상 영어로 원어민과의 대화를 시도해볼 만합니다. 화상 영어는 업체도 많고 그만큼 광고도 많아서 선정하기가 무척 어려워요. 업체 이름만을 신뢰해서도 안 되고요. 마치 좋은 초등학교에 들어가도 담임 선생님에 따라 아이의 학교생활이 크게 달라지는 것과 마찬가지입니다. 원할 때 선생님을 쉽게 바꿀 수 있는지, 엄마와 아이의 요구 사항을 잘 받아주는지가 관건입니다. 혼자 떠들거나 yes 또는 no의 대답만을 유도하는 선생님보다는 아이의 말을 부드럽게 계속 끌어내주는 선생님이 좋겠지요. 짧은 시간에 방대한 영어 표현을 다 습득할 수는 없어요. 평소 책과 영상으로 input을 하고 원어민과의 대화에서는 output이 발생할 수 있어야 합니다. 엄마가 지켜보는 상황을 거부하거나 엄마에게 지나치게 의존하면 자리를 피해주어야 해요. 나중에 녹화 영상을 볼 수 있으니 가끔씩 수업이 잘 진행되고 있는지 확인만 하면 됩니다.

엄마표 영어 쓰기

아이가 영어로 어떻게 글을 쓸까 상상이 안 되지요? 그러나 일단 말할 수 있으면 쓰기도 가능합니다. 문장을 만들 줄 안다는 거니까요. 문장 만들기는 많은 문장을 듣고 읽음으로써 생기는 능력이에요. 상상이 안 되는 그 일을 아이들은 의외로 쉽게 시작합니다. 쓸거리만 제공해준다면 말이지요.

베껴 쓰기

문장 쓰기의 기본을 익히기 위해서는 베껴 쓰기가 도움이 됩니다. 더듬더듬 읽는 아이는 아직 시기상조예요. 리더스 1단계를 편하게 읽을 때쯤 시작하는 게 좋습니다. 베껴 쓰기는 아이가 반복해서 읽었던 책에서 일정 부분을 정해 똑같이 쓰는 거예요. 스펠링도, 문장 부호나 띄어쓰기도 정확히 따라 쓰게 합니다. 그렇게 한 글자 한 글자 쓰다 보면 문장이 어떻게 구성되는지, 어떤 규칙이 반복되는지 알게 되지요. 처음에는 스펠링을 하나하나 보고 쓰다가 점점 한 단어씩 쓰게 됩니다. 책 보고 노트보고 도리도리가 귀찮아지면 단어를 외워서 쓰게 되거든요. 베껴 쓰기를 할 때는 가능하면 줄이 그어진 초등생용 영어 노트에 쓰게 하세요. 알파벳은 한글과 달라 처음부터 줄 노트로 쓰지 않으면 엉망이 되어버려요. 가장 기초만큼은 처음이 확실해야 해요. 별것 아닌데도 이상하게 나중에는 고치기가 어렵더라고요. 마치 젓가락질처럼요.

: 베껴 쓰기 예시.

순서대로 쓰기

문장 만들기가 서툴다면 순서대로 쓰기를 시켜보세요. 대여섯 단어 정도로 구성된 문장을 책에서 뽑아 노트에 쓰게 하는데, 이때 단어를 흩어놓습니다. 반복해서 읽었던 책이나 방금 읽었던 책이라면 원래 문장이 생각날 거예요.

『The Pigeon Wants a Puppy!』를 읽고 적절한 문장 몇 개를 고릅니다. 실생활에서도 사용할 수 있는 표현을 고르는 것이 좋겠지요. 단어를 섞은 뒤 원래 문장이 되도록 쓰게 합니다. 순서에 맞추어 단어 위에 1, 2, 3… 숫자를 먼저 붙이고 옮겨 쓰기도 합니다.

- 문장 고르기

  Do you know what I want?

  I'll take care of it!

  I've changed my mind.

- 순서대로 쓰기

  I you Do what want know ? (내가 원하는 게 뭔지 알아?)

  → _____

care it I'll take of . (내가 잘 돌볼게.)

→ _____

mind I've my changed . (내가 생각을 바꿨어.)

→ _____

다 쓴 뒤에는 아이에게 직접 책을 찾아서 맞았는지 확인을 해 보라고 하세요. 엄마가 해도 되지만 스스로 찾아보면서 문장을 다시 보고, 어느 부분이 틀렸는지, 왜 틀렸는지 생각할 기회를 가질 수 있습니다. 이 과정을 통해 비록 문법 용어는 모를지라 도 어색하지 않은 문장을 만들기 위해 문법 규칙을 적용하게 되 지요. 이후에 문법을 배울 때 더 잘 이해하게 되는 배경으로 작 용할 거예요.

요약해서 쓰기

쓰기 실력 향상에 요약해서 쓰기만 한 것도 없어요. 단순 베 껴 쓰기를 넘어 자신의 언어로 바꾸어 새롭게 써야 하기 때문에 문장을 만드는 연습이 충분히 됩니다. 그러나 무작정 쓰라고 하 면 막막하겠지요? 앞서 요약해서 말하기와 같은 방법(222쪽)으로 대화를 통해 먼저 생각을 정리합니다. 메모도 좋고 "스펠링이 헷갈리거나 참고하고 싶은 문장이 있으면 책에서 찾아봐도 돼"라고 해주세요. 일종의 오픈 북 테스트인 셈이지요. 단순 정답 찾기가 아닌 내 답을 쓰기 위한 과정이니 책을 보고 써도 괜찮습니다. 처음에는 문장을 그대로 가져와 베껴 쓰기를 할 수도 있어요. 물론 궁극적으로는 그러면 안 되지만 원래 요약은 핵심 문장을 찾는 일에서부터 시작되니 처음 몇 번은 넘어가주세요. 핵심 문장을 잘 찾는다면 그때부터 자신의 언어로 바꾸어 쓰게 하면 됩니다.

챕터북을 읽고 요약문 한 편을 써도 되고 챕터별로 요약을 해도 됩니다. 중요한 내용이 많으면 짧게 쓰는 것이 더 어려울 수 있으니까요. 큰아이에게 가장 기억에 남는 영어책이 무엇이었냐고 물으니 『Walk Two Moons』라고 하네요. 방학 동안 매일 두세 챕터씩 읽고 챕터별로 요약을 했던 책인데, 아마도 그런 꼼꼼한 읽기와 쓰기 덕분에 이 책을 더 깊이 이해하고 좋아하게 된 게 아닐까 싶어요.

당연히 모든 책을 쓰기와 연결시킬 필요는 없습니다. 만약 우리한테 그렇게 하라고 하면 진저리를 치겠지요? 일주일에 한 번 혹은 방학을 이용해 쓸 수 있는 시간을 주세요. 그리고 쓰기를 하는 날은 읽기 분량을 줄여주는 등 융통성은 있어야겠죠?

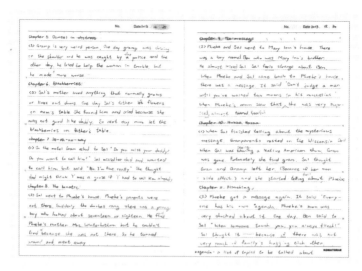

: 소은이의 요약해서 쓰기 예시.

생각 확장하기

소재가 마땅치 않을 때는 책에서 경험이나 생각을 끌어낼 수
있는 소재를 찾아 쓰기로 연계시킵니다.

① 『When Sophie Gets Angry-Really, Really Angry…』에서 주인공
소피가 화가 나면 어떤 행동을 하는지 읽었기에 다음과 같은 질문을
던지고 쓰게 할 수 있습니다.

→ What do you do when you get angry-really, really angry?

② 『The Quilt Story』를 읽고 나서 퀼트 담요를 애지중지했던 주인공처럼 아이에게도 애착 물건이 있는지 써보자고 하는 거지요. 그림을 그려서 설명해도 좋고요.

→ What is your favorite old thing?

③ 『The Berenstain Bears No Girls Allowed』에는 남자아이와 여자아이들이 서로를 배척하며 각자의 아지트를 만드는 내용이 나옵니다. 책에 나온 아지트를 묘사하거나 만들고 싶은 나만의 아지트를 표현해보라고 하는 것도 좋습니다.

→ Draw and describe the picture, Boys' clubhouse or Girls' clubhouse.

→ Make your own clubhouse.

일기 쓰기

요즘 아이들의 일상은 안타깝게도 다람쥐 쳇바퀴처럼 제자리 돌기입니다. 하루 일과에서는 독특함을 찾을 수가 없어요. 재미도 없고요. 같은 이유로 우리도 어린 시절 일기 쓰기 숙제가 괴로웠지요. 그러니 조금 색다른 일기를 써보면 어떨까 합니다.

과학을 좋아하는 아이라면 관찰 일기를 시도해보세요. 그림이나 사진을 첨부해 보고서 같은 느낌을 주고 사실 위주로 쓰는

거지요. 관련 용어도 찾고 자료도 검색하면 지적인 갈증이 해소
되겠지요? 일회성으로 끝나는 관찰 일기도 있지만 누에 키우기
처럼 진행 과정을 쓴다면 시리즈 일기가 된답니다.

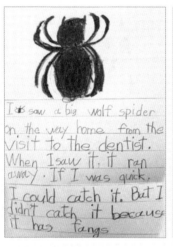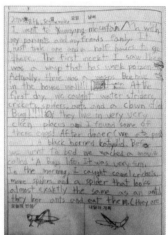

: 현우의 관찰 일기 발전 모습.

　여행을 다녀온 뒤에 쓰는 일기도 있어요. 하루 나들이여도 상
관없지요. 색다른 곳에서의 색다른 경험을 자신이 표현할 수 있
는 만큼 표현해보도록 합니다. '이런 건 영어로 어떻게 말해야
하지?' 생각하는 습관이 중요해요. 영어로 표현이 어려운 경우
라면 'I ate 불고기'처럼 한글을 섞어서 쓰기도 할 거예요. 우리
말은 그냥 두고 영어로 바꿀 수 있는 것은 아이가 다 쓰고 난 다
음에 "이건 영어로 뭐라고 하는지 한번 볼까?" 하며 함께 공부해

도 좋겠지요. 우선은 문장을 만든다는 사실에 만족하고 스스로를 자랑스러워하는 것이 목표입니다.

: 가은이의 여행 일기. 여행 사진을 붙이고 본 것과 생각한 내용을 적었어요.

편지 쓰기

쓰기에서 가장 중요한 것은 쓰고 싶어야 한다는 거지요. 하지만 우리가 학창 시절만 떠올려보아도 쓰고 싶었던 순간은 그리 많지 않을 거예요. 저의 경우에 자발적인 쓰기는 일기(학교 제출용이 아닌 비밀 일기)와 편지 정도였어요. 편지는 상상력을 자극하고, 정감이 있고, 대상을 떠올릴 수 있기에 쓰고 싶다는 생각이 들더라고요. 대상은 누구라도 좋아요. 생물이어도 무생물이어도 상관없어요. 말하듯 편하게 쓰면 된다고 격려해주세요.

: 가은이의 편지 쓰기. 하늘에서 내리는 눈에게 편지를 썼어요.

엄마도 성장하기

원어민과 회화하기

아이에게 영어책을 읽어주거나 아이가 영어로 말을 걸어올 때 회화가 안 된다는 사실이 무척 안타까울 때가 있었어요. "엄마, 이거 들어봐" 하면서 영상을 보여준다거나 어떤 구절을 읽어주면 "엄마는 글로 봐야 알아. 들어서는 몰라"라고 할 때가 많았지요. 영어를 글로 배운 엄마는 원어민과의 회화가 너무 하고 싶었답니다. 계속 이어서 한 것은 아니지만 하다 쉬다 하면서 원어민과 대화할 상황을 만들었어요. 그래서 지금은 많이 편해졌습니다. 영어를 유창하게 잘해서가 아니라 나누는 대화가 즐겁고 시험을 보지 않아도 된다는 사실이 큰 이유겠지요.

영어 회화 학원에서는 주로 회화 교재를 씁니다. 패턴 문장을 외우게 하거나 파트너와 대화를 주고받게 하지요. 또는 질문에 대한 답을 돌아가며 이야기해요. 내가 하고 싶은 말을 하기보다는 정형화된 수업 형식이지요. 그럼에도 수업이 체계적이고 평가서를 받아볼 수 있다는 장점이 있어요. 주로 1년 단위의 계약이라 원어민 선생님들이 자주 그만두어서 한 선생님과 지속적으로 수업하기는 어렵지만 다양한 선생님과 만나보는 것도 나쁘지는 않더라고요. 각 지역마다, 개인마다 특색 있는 억양과 표현을 접하게 되니까요.

화상 영어나 전화 영어는 직접 학원에 가지 않기 때문에 시간이 절약되고 선생님과 일대일로 대화할 수 있어 '나'의 발화 기회가 많은 편입니다. 교재가 있지만 어느 정도 자유롭게 이야기할 수도 있고요. 일상 이야기를 많이 해보세요. 오늘 있었던 일, 내가 좋아하는 것, 아이를 키우면서 느낀 점, 최근 읽은 책 등 '나'에 관한 내용은 설명하기가 더 쉽습니다. 내성적이고 말수가 적다고 하더라도 수업 중에는 의도적으로 대화를 많이 하도록 노력해야 해요. 탁구를 칠 때 공처럼 대화가 왔다 갔다 해야 재미있습니다. 아무 말 대잔치라고 해도요.

원어민에게 과외를 받는 방법도 있습니다. 일대일로 하면 말할 기회가 늘어나서 좋고, 그룹으로 하면 다른 사람의 말을 들으며 생각할 시간을 가져서 좋아요. n분의 1로 수업료도 나누어

내서 덜 부담스럽고요.『Talk, Talk, Talk』,『Side by Side』등의 교재나 〈BBC Learning English〉의 '6 Minute English' 등을 활용해 매주 새로운 주제로 대화할 수 있습니다. 틀린 부분을 교정해주거나 연습식의 훈련은 없지만 대화가 즐거워지면 '이건 어떻게 말해야 하지?' 생각하게 되고, 이러한 훈련이 회화 실력을 높여줄 겁니다.

BBC, CNN 10 활용하기

원서를 읽을 시간이나 마음의 여유가 없다면 기사나 topic을 한 꼭지씩 공부해보세요. 여기서 소개하는 것들은 영어 수준으로만 보면 결코 만만한 내용이 아니에요. 그러나 우리는 성인이기 때문에 배경지식과 눈치, 상식 등을 동원하면 못할 것도 없다는 생각입니다. 처음에는 거의 못 알아들을 수도 있고 당황스럽기도 할 거예요. 그런데 신기하게도 계속 듣다 보면 단어나 표현, 형식 등이 반복되고 진행자의 말투에 익숙해집니다. '공부'하려고 애쓰지 말고 알아듣는 내용이 5% → 10% → 30%… 늘어갈 거라 기대하고 들었으면 해요.

〈BBC Learning English〉는 영어를 배우고자 하는 외국인을 대상으로 만들어진 방송이기 때문에 학습용으로 적합합니다. 다양한 프로그램이 있으니 이것저것 둘러보고 마음에 드는 것을 하나만 골라보세요. 그중 매주 다양한 주제로 2명이 대화하는 '6 Minute English'나 비교적 짧게 재미있는 표현들을 알려주는 'The English We Speak'를 추천합니다. 공식 사이트로 들어가도 되지만 구글 플레이 스토어나 애플 앱 스토어에서 '6 Minute English'를 검색하면 수많은 애플리케이션이 나와요. 그중 스크립트 사용과 음원 듣기가 편한 것을 골라 활용하거나 팟캐스트인 '팟빵'을 이용하면 편리합니다.

〈CNN 10〉은 10분으로 편집된 영어권 학생을 위한 뉴스입니다. 성인 뉴스보다는 앵커가 천천히 말하지만 우리가 듣기에는 결코 느리지도, 쉽지도 않아요. 게다가 우리나라 뉴스가 아닌 글로벌 뉴스다 보니 관심 밖의 내용도 많고요. 그러나 앵커의 정확한 문장과 전달력, 다양한 사람들의 인터뷰를 통해 배울 점이 많습니다. 10분이 부담스럽다면 처음에는 관심이 가는 뉴스 한두 개만 집중해서 듣는 것도 괜찮아요. 〈CNN 10〉은 팟빵이나 유튜브에서도 볼 수 있습니다. 다음과 같이 진행해보세요.

① 제목만 보고 내용을 짐작한다.
② 음원을 듣는다.
③ 스크립트와 함께 듣는다.
④ 새로 알게 된 단어를 확인한다.
⑤ 스크립트를 보며 말하듯 소리 내어 읽는다.
⑥ 하루에 한 번 일주일 동안 반복해서 듣는다.

문법 익히기

영어를 공부하려고 하면 자연스럽게 문법이 떠올라요. 학창 시절에 문법 위주의 시험 문제가 대부분이었고 외워야 할 내용이 많아서였겠지요. 그때는 억지로라도 문법을 먼저 공부할 수밖에 없었지만 지금이라도 제대로 된 순서로 공부해야 합니다. 문법이 먼저가 아니라 읽고 듣고 말하기가 어느 정도 우선이 되어야 해요. 그래야만 내가 사용하는 문장이 어떤 문법 규칙을 따랐는지 이해할 수 있으니까요.

엄마표 영어를 하다 보니 저절로 '문법을 공부해야겠다', '하고 싶다'라는 생각이 들었어요. 해석이 잘 안 되거나 긴 문장을 만나면 한계가 느껴졌거든요. 처음에는 딱딱한 공부가 싫어서 소설처럼 줄줄 읽어 내려가는 『Again! 뒤집어본 영문법』(오성호, 김영사)을 보았고, 그다음에는 중학생 수준의 문법책을 풀었어요. 엄마표 영어를 위한 문법은 이 정도면 충분해요.

EBS나 인터넷 강의를 들어도 좋고 문법책을 혼자 풀어도 좋지만 가장 중요한 점은 강의도 완강을 목표로, 책도 완독을 목표로 끝까지 해야 한다는 겁니다. 언제까지 문장의 5형식만 보고 있을 수는 없잖아요. 그러려면 너무 부담스러운 것은 피하는 게 좋겠지요. 길지 않은 강의와 책으로 일단 끝까지 다 듣고 보세요. '만약 아이가 물어보면 어떻게 대답하면 좋을까?'라고 생각하면서 듣고 보는 자세가 예전과는 다른 점일 겁니다.

추천 문법 강의

- EBS 중학 My Grammar Coach

  기초편, 표준편 중에서 자신의 수준에 맞는 강의 선택

- 혼공 기초 영문법

  Level 1, Level 2, Level 3 중에서 자신의 수준에 맞는

  강의 선택

추천 문법 교재

- 『진짜 잘 이해되는 중학 영문법』

  (전2권, 신사고영어콘텐츠연구소, 좋은책신사고)

- 『GRAMMAR ZONE 그래머존 기초편』(능률영어교육연구소 외, NE능률)

- 『Grammar in Use』시리즈

  (Raymond Murphy, Cambridge University Press)

04

10~13세
더 이상 어린아이가
아니에요

읽어주기(5)	읽기(30)	듣기(30)	말하기(15)	쓰기(10)	교재(10)

추상적인 사고가 가능해지고 사회적 맥락 속에서 언어를 사용하게 됩니다.

10~13세 연령별 특징과 엄마표 영어

'품에 안고 비빌 수 있는 날은 이제 끝났구나. 조금 더 안아줄 걸……' 하는 안타까운 순간이 옵니다. 엄마가 읽어주기보다는 혼자 읽기가 더 좋다 하고, 엄마와의 시간보다는 친구들과 노는 시간이 더 즐겁다 하고, 궁금한 게 생겨도 엄마가 아닌 스마트폰에서 찾습니다. 서운해도 어쩔 수 없어요. 아이가 잘 자라고 있다는 증거니까요.

시키면 시키는 대로 잘 따라오던 아이도 초등 고학년이 되면 정당한 이유 없이는 움직이려고 하지 않습니다. 공부에 대한 대가로 보상을 받는데 익숙해진 아이라면 은근슬쩍 협상을 시도하겠지요. 자신이 공부하는 이유, 영어를 하는 이유를 엄마에게서 찾으려고 할 수도 있어요. 그렇기 때문에 엄마가 아이의 욕심보다 앞서가서는 안 됩니다.

오랜 기간 학원을 다닌 아이는 한번쯤 슬럼프가 오기도 해요. 쉬고 싶은 마음이 들지만 그랬다가는 친구들을 따라가지 못할까 봐 덜컥 그만두지도 못합니다. 엄마 역시 아이의 지친 어깨가 자꾸 눈에 밟히지만 달리 방도가 없다는 생각에 "그만둘래?"라고 묻기가 두려워요. 여학생들은 친구 문제로, 남학생들은 게임 문제로 엄마의 속을 까맣게 태우기도 하고, 본격적으로 수학, 과학, 사회 등 학과 공부를 시작하면서 시간이 촉박하다는 느낌을 받기도 하지요. 그러나 지금이 절대 시간이 모자라는 시기가 아니라는 사실을 중고등학생이 되면 알게 될 것입니다. 죽을 만큼 달리지 않아도 되는 때라는 사실도요. 오히려 죽을 만큼 달려야 할 시기를 대비해 생활 태도와 습관, 인성의 대부분이 확실하게 자리를 잡아야 할 때랍니다. 모든 엄마표의 목표는 자기주도예요. 계획하고 수행하고 평가하는 것을 서서히 혼자 해보아야 합니다. 시간표를 짜거나 체크 리스트를 확인하면서 시간을 낭비하지 않아야 하고 규칙적인 생활을 해야 합니다.

초등 3학년 때부터 학교에서 영어 수업이 시작되지요. 같은 교과서로 공부하지만 아이들의 영어 수준은 다른 과목보다 유독 편차가 큽니다. 영어 시간이 너무 시시하다는 아이도 있고 어떻게 친구들이 영어를 읽느냐며 신기해하는 아이도 있어요. 교과서는 말하기와 듣기 위주지만 그마저도 읽기가 가능해야 수업에 참여할 수 있다는 맹점이 있습니다. 학교 영어를 잘한다고 안심하고 있다가는 뒤통수를 맞기 쉬워요. 중학교에 가서 "아니, 왜 잘하던 영어가 갑자기 60점이지?" 하며 당황합니다. 초등 교과 영어와 중등 교과 영어의 교육 과정이 달라서 그렇습니다. 고등은 말할 필요도 없고요. 일관성 있게 쭉 이어지는 교육이 아니라 뚝뚝 끊어지는 제각각 교육인 셈이지요. 초등학교 때 별다른 영어 노출 없이 수업 시간에만 의존했다면 갑자기 많은 양을 '외워야만' 하는 중학교 영어가 부담일 수밖에요. 외우지 않고 습득하는 영어를 익히기에 초등 때만큼 좋은 시기가 없어요. 학교 영어가 100점이라도 안심하지 말고 많이 듣고 많이 읽게 해주어야 합니다.

이 시기에는 읽기의 질과 양을 모두 끌어올려야 해요. 그동안 학교에서 배운 내용들, 읽었던 한글책과 직접 겪었던 경험들이 쌓여 배경지식이 되었을 겁니다. 이것들을 바탕으로 수준을 높일 수 있습니다.

엄마표 영어 읽기

책 고르기

어릴 때는 주로 엄마가 권해주는 책 위주로 읽겠지만 점차 아이만의 취향이 생길 거예요. 추리, 판타지, 뉴베리, 코믹, 과학 등아이가 조금 더 보고 싶어 하는 장르가 있어요. 좋아하는 작가도 생기고요. 세트인 책을 사준 적이 있었는데 아이가 다 읽고선 다음 이야기가 없냐고 묻더라고요. 여기저기 검색해서 후속이야기 2권을 구해다 주었더니 아이가 무척 좋아했던 기억이있습니다. 이제는 읽고 싶은 책을 찾아주는 것이 엄마의 할 일입니다.

"엄마가 보니까 네가 이 작가의 책을 좀 좋아하더라. 어떤 책을 더 썼는지 찾아봐줄까?", "요새 이 책이 엄청 인기가 많대. 한 번 읽어볼래?" 하면서 권해주는 방법도 좋아요. 그러나 선택은 아이 몫이지요. 지나치게 편향된 독서가 걱정된다면 아이의 의견을 최대한 반영하면서 엄마의 추천 책을 하나씩 끼워넣는 방법을 써보세요. 엄마가 직접 읽지 않았어도 온라인 서점에서 제공하는 책 소개나 독자 리뷰를 보면 도움이 되기도 합니다. "이 책 진짜 재미있겠더라. 엄마가 갑자기 사라졌는데 집에서 아무것도 없어지진 않은 거야. 정말 몸만 딱 사라졌어. 어떻게 된 걸까?"라고 하면 조금은 관심을 보입니다. "일단 읽어보다가 재미없으면 안 읽어도 돼. 근데 이 책은 2챕터까지는 읽어봐야 이야기가 좀 풀리더라", "책 제목 좀 봐. 『How to Steal a Dog』래. 개를 훔치는 건가 봐. 개를 왜 훔치지?"라며 호기심을 자극하는 것도 저희 집에서는 꽤 먹혔던 방법입니다.

챕터북 및 청소년 소설 읽기

챕터북 읽기

뒹굴거리며 읽기 딱 좋은 책이 챕터북입니다. 이야기의 흐름만 부담 없이 따라가면 되거든요. 시리즈이기 때문에 하나의 시리즈가 끝날 때까지 캐릭터나 구성이 같아서 '이번에는 또 어떤 일이 벌어질까' 흥미롭게 읽게 되지요. 그러면서 어휘를 알아가는 속도도 빨라집니다. 오디오북으로 집중 듣기를 하며 빠르게 읽는 방법도 좋고요.

읽기 시작이 늦었다면 챕터북으로의 진입이 다소 늦을 수도 있어요. 그러나 한글책 독서가 탄탄히 뒷받침되어 있다면 늦게 진입했더라도 충분히 따라잡을 수 있습니다. 영어를 좀 천천히 시켜야겠다고 생각한다면 그만큼 한글책 읽기에 공을 많이 들여놓으면 됩니다. 또한 같은 책을 읽더라도 초등 저학년 아이와 고학년 아이는 받아들이는 정도가 달라요. 고학년이 되면 단순히 글씨만 읽지 않고 전체 흐름을 파악하는 힘이 생기거든요. 축구를 할 때 저학년은 모두 공을 쫓아다니지만 고학년은 자기 포지션 안에서 움직이잖아요. 죽어라 뛰는 건 저학년이지만 덜 뛰더라도 경기의 흐름을 보는 건 전두엽이 발달한 고학년입니다. 저학년 때 어려운 책을 읽었다고 해서 무조건 좋은 건 아니라는 말입니다. 복잡한 책을 읽더라도 통찰력 있게 다각도로 접근할 수 있을 때 남는 게 많으니까요.

일단 마음에 드는 챕터북을 만나면 그 시리즈는 끝까지 읽을 가능성이 높습니다. 한 시리즈가 정해지면 엄마는 당분간 한숨을 돌리며 다음에 읽을 책 검색을 시작해야겠지요. 연령별로 알맞은 챕터북을 찾아보면서 아이 연령과 붙어 있는 위아래 도서를 다 살펴보는 것이 좋습니다. 이제는 단어의 수나 문장의 구조보다는 흥미 위주로 읽는 방법이 더 편하기 때문이지요.

'Magic Tree House' 시리즈에 AR 2점대와 3점대가 섞여 있는 것처럼 단계의 구분이 모호해집니다.

- 추천 챕터북

  '7~10세 추천 챕터북'(192~197쪽)을 참고하세요.

- 추천 연령별 챕터북 찾기(웬디북)

뉴베리 수상작 읽기

청소년 소설로 넘어갈 즈음부터는 책의 권수보다 두께에 부담을 느낄 거예요. 그래서 한 권을 읽더라도 문학적으로 가치가 있고, 생각할 거리를 던져주며, 좋은 문장이 많이 포함된 책을 읽는 것이 더없이 좋겠지요. 저는 이 모든 요소를 갖춘 책이 '뉴베리 수상작'이라고 생각합니다. 아이가 해야 하는 게 영어뿐이라면 아무것이나 읽으라고 하겠지만 영어에 할애하는 시간을 늘릴 수 없기에 질적인 독서와 영어, 두 마리 토끼를 다 잡을 수 있는 뉴베리 수상작을 자꾸 권하게 되네요.

뉴베리상은 미국 내에서 한 해 동안 출판된 작품들 중 우수한 작품에게 주는 가장 오래된 아동문학상입니다. 인종 차별, 미혼모, 입양, 장애, 가난, 이혼 가정 등 주제가 다소 무겁거나 사회 취약 계층을 다룬 내용이 많다 보니 코믹물을 좋아하는 아이는 쉽게 흥미를 가지지 못할 수도 있어요. 하지만 꼭 추천하고 싶습니다. 몇 권이라도 꼭 읽었으면 하고요. 금딱지가 붙는 'Newbery Winner'는 매년 단 한 작품에게만, 은딱지가 붙는 'Newbery Honor'는 아쉽게 1등에서 밀려난 2~8권 정도의 작품에게 돌아갑니다. 그러나 금딱지가 항상 더 재미있는 것은 아니에요. 모두 훌륭한 작품이니 메달 색깔에 상관없이 관심이 가는 주제를 골라 읽게 하세요.

AR 3점대 챕터북을 편하게 읽을 수 없다면 뉴베리 수상작은 아직입니다. 아동 문학이지만 절대 만만치 않거든요. 한글로 된 초등 고학년 클래식 문고판을 읽을 수 있어야 제대로 된 이해가 가능합니다. 글씨만 읽고 줄거리를 대충 안다고 해서 이해한 것은 아니니까요. 뉴베리 수상작은 그림책과 챕터북을 많이 접한 후 시작하는 것이 좋으니 고학년이 되었다고 무리하게 끌고 가지는 않았으면 합니다.

뉴베리상을 받지 않았더라도 재미있는 청소년 소설은 너무나 많아요. 뉴베리 수상작의 무거운 내용이 싫다면 얼마든지 다른 책을 읽어도 됩니다. 청소년 소설을 읽고 한층 성숙해질 아이들의 모습이 기대되네요.

뉴베리 수상작 찾아보기

웬디북

wendybook.com

예스24

yes24.com

Renaissance Accelerated Reader BookFinder

arbookfind.com

추천 뉴베리 수상작

AR 2~3점대

Because of Winn-Dixie by Kate DiCamillo

떠돌이 개를 가족으로 맞이한 외로운 여자아이가 개로 인해 좋은 이웃들과 관계를 맺어가는 내용입니다. 때로는 먹먹하고 때로는 가슴이 따뜻해지고 때로는 유쾌한 힐링 북이에요. Because를 '때문에'가 아닌 '덕분에'로 읽게 만듭니다.

Sarah, Plain and Tall 시리즈
by Patricia MacLachlan

Doctor De Soto
by William Steig

Crazy Lady!
by Jane Leslie Conly

The Whipping Boy
by Sid Fleischman, Peter Sis

Last Stop on Market Street
by Matt de la Peña, Christian

El Deafo
by Cece Bell

Drama
by Raina Telgemeier

Roller Girl
by Victoria Jamieson

Crown: An Ode to the Fresh Cut
by Derrick Barnes, Gordon C. James

Three Times Lucky
by Sheila Turnage

AR 4점대

Holes

by Louis Sachar, Vladimir Radunsky, Bagram Ibatoulline

기가 막힌 전개와 치밀한 복선으로 흘려버릴 문장이 하나
도 없습니다. 다 읽고 나면 퍼즐을 맞추듯 줄거리를 복기
하게 될 거예요.

Walk Two Moons by Sharon Creech

조부모와 함께 엄마를 찾아 떠나는 여정과 그 속에서 들려
주는 친구 이야기가 번갈아 나옵니다. 생각지도 못했던 반
전으로 책장을 덮을 때는 주인공도, 읽는 우리도 훌쩍 성
장하게 되지요.

Bridge to Terabithia

by Katherine Paterson, Donna Diamond

Feathers

by Jacqueline Woodson

Charlotte's Web

by E. B White, Garth Williams

Dear Mr. Henshaw

by Beverly Cleary, Paul O. Zelinsky

Number the Stars
by Lois Lowry

Shiloh
by Phyllis Reynolds Naylor

The Great Gilly Hopkins
by Katherine Paterson

A Wrinkle in Time
by Madeleine L'Engle

Maniac Magee
by Jerry Spinelli

26 Fairmount Avenue
by Tomie dePaola

Kira-Kira
by Cynthia Kadohat

On My Honor
by Marion Dane Bauer

Ella Enchanted
by Gail Carson Levine

Hello, Universe
by Erin Entrada Kelly, Isabel Roxas

The Girl Who Drank the Moon
by Kelly Barnhill

The Year of Billy Miller
by Kevin Henkes

The Inquisitor's Tale
by Adam Gidwitz,
Hatem Aly

The Family Under the Bridge
by Natalie Savage
Carlson,
Garth Williams

AR 5점대

The Hundred Dresses
by Eleanor Estes, Louis Slobodkin

왕따와 가난, 이민자에 대한 편견, 거짓말 등 자극적일 수 밖에 없는 소재를 담담하게 꾹꾹 눌러 쓴 실화 바탕의 소설입니다. 누가 보아도 가난한 아이가 자기 집에 드레스가 100벌이나 있다고 하니 어찌 된 일일까요?

Ramona and Her Father
by Beverly Cleary,
Jacqueline Rogers

Ramona Quimby, Age 8
by Beverly Cleary,
Jacqueline Rogers

My Father's Dragon

by Ruth Stiles Gannett, Ruth Chrisman Gannett

Mr. Popper's Penguins

by Richard Atwater, Florence Atwater

Hatchet

by Gary Paulsen

Hoot

by Carl Hiaasen

The Wednesday Wars

by Gary D. Schmidt

The House of the Scorpion

by Nancy Farmer

Bud, Not Buddy

by Christopher Paul Curtis

The Giver

by Lois Lowry

The Graveyard Book

by Neil Gaiman, Dave McKean

AR 6점대

Stuart Little

by E. B White, Garth Williams

생쥐가 아들이 된다면, 생쥐가 동생이 된다면 어떤 일이 벌어질까요? 작디작은 생쥐의 눈으로 바라본 세상은 온통 모험투성이입니다.

Princess Academy

by Shannon Hale

A Single Shard

by Linda Sue Park

The Egypt Game

by Zilpha Keatley Snyder, Alton Raible

추천 청소년 소설

AR 2~3점대

The Magic Finger by Roald Dahl, Quentin Blake

로알드 달의 풍자 소설은 어른과 아이 모두 좋아할 수밖에 없어요. 그중에서도 얇고 쉽고 재미있는 내용입니다. 화가 나면 찌릿찌릿 마법의 손가락이 무슨 일을 벌일지 기대하세요.

The Giving Tree

by Shel Silverstein

The War with Grandpa

by Robert Kimmel Smith

Blubber

by Judy Blume

Big Nate 시리즈

by Lincoln Peirce

AR 4점대

Wonder by R. J. Palacio

안면 장애를 가진 주인공과 가족, 친구들 각각의 시선에서 이야기가 전개됩니다. 다양한 관점을 배우고 장애인에 대한 오해와 편견을 깨달을 수 있습니다.

The Chronicles of Narnia
by C.S. Lewis, Pauline Baynes

해리 포터 수준의 판타지 소설이지만 더 얇아서 훨씬 수월하게 읽을 수 있습니다. 상상력의 정점을 찍으며 현실 세계와는 다른 세계관을 경험하게 되지요.

Charlie and the Chocolate Factory
by Roald Dahl, Quentin Blake

Flipped
by Wendelin Van Draanen

Fantastic Mr. Fox
by Roald Dahl, Quentin Blake

How to Steal a Dog
by Barbara O'Connor

James and the Giant Peach
by Roald Dahl, Quentin Blake

Chocolate Fever
by Robert Kimmel Smith, Gioia Fiammenghi

Things Not Seen
by Andrew Clements

Stargirl
by Jerry Spinelli

Out of
My Mind
by Sharon M. Draper

Someday
Angeline
by Louis Sachar

AR 5점대

The Mysterious Benedict Society 시리즈
by Trenton Lee Stewart, Carson Ellis

두꺼운 책이 어떻게 넘어가는지 모르게 뒷이야기가 계속
해서 궁금한 책입니다. 책을 읽다 보면 서로의 장점을 합쳐
악의 축을 물리치는 영특한 아이들과 어느새 한편이 되어
있을 겁니다.

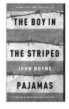

The Boy in the Striped Pajamas
by John Boyne

유대인의 홀로코스트 이야기는 언제나 너무 무겁고 어려운
데, 이 책은 아우슈비츠 책임자의 아들인 독일인 아이를 주
인공으로 이야기를 끌고 갑니다. 철조망 안의 유대인 아이와
친구가 되면서 벌어지는 아름답고도 가슴 아픈 내용입니다.

River Boy
by Tim Bowler

Matilda
by Roald Dahl,
　　Quentin Blake

The Fault in Our Stars
by John Green

Mrs. Piggle-Wiggle
by Betty MacDonald,
Alexandra Boiger

Diary of a Wimpy Kid
by Jeff Kinney

The Invention of Hugo Cabret
by Brian Selznick

So B. It
by Sarah Weeks

A Summer to Die
by Lois Lowry,
Jenni Oliver

Frindle
by Andrew Clements,
Brian Selznick

Percy Jackson and the Olympians 시리즈
by Rick Riordan

Warriors 시리즈
by Erin Hunter,
Dave Stevenson

Harry Potter 시리즈
by J.K. Rowling,
Mary GrandPré

George's Secret Key 시리즈

by Stephen Hawking,
Lucy Hawking,
Garry Parsons

AR 6점대

A Christmas Carol by Charles Dickens

유령을 따라 자신의 과거, 현재, 미래를 보고 나서 인생을
다르게 살기로 한 구두쇠의 이야기입니다. 크리스마스에
한번쯤은 읽어보아야 할 책이지요.

Anne of Green Gables

by L.M. Montgomery

How to Train Your Dragon

by Cressida Cowell

A Man Called Ove

by Fredrik Backman

The Alchemist

by Paulo Coelho

A Series of Unfortunate Events

by Lemony Snicket, Brett Helquist

Anne Frank: The Diary of a Young Girl

by Anne Frank

이해 여부 확인하기

초등 고학년이 되면 아이는 더 이상 엄마의 간섭을 받고 싶어 하지 않아요. 엄마는 '관심'이라고 생각하지만 아이는 '간섭'이라고 선을 긋지요. 책 읽기도 자꾸 확인하려 들면 '감시'라며 질색을 하고요. 그냥 두자니 아이가 정말로 이해하며 읽는 건지 매번 의심이 생겨 궁여지책으로 테스트를 받게 하지요. 대형 어학원이나 영어 도서관 또는 리딩타운에서 유료로 AR 테스트를 받을 수 있습니다.

• 리딩타운 AR 테스트

너무나 막연하고 궁금해서 견딜 수가 없을 때 객관적인 검증이 필요하다면 테스트는 어느 정도 갈증을 해소시켜 줄 수 있어요. 그러나 주로 정답이 정해진 질문들이라 "딴짓 안 하고 책 똑바로 봤어?" 정도의 의미는 있을지 모르겠지만 "독서를 즐기면서, 또 생각하면서 했니?"에 대한 테스트로는 그리 바람직하지 않다고 생각합니다. 부모 세대가 이런 식의 테스트에 너무나 오랫동안 길들여진 나머지 객관적인 수치가 나오지 않으면 불안한 거지요. 하지만 정답이 아닌 나만의 답을 찾는 것이 진정한 독서가 아닐까요? 단편 지식이 아닌 지혜를 얻는 독서였으면 합니다. 그러므로 엄마는 '정답 찾기'가 아닌 '아이만의 답 찾기'를 유도하는 질문을 해야 하지요.

예를 들어 『Because of Winn-Dixie』에서 주인공이 어릴 때 떠난 엄마의 특징 10가지를 기록하는 장면이 나와요. 아이에게 "너도 엄마에 대한 특징 10가지를 말해볼 수 있어?"라고 물어보았어요. 당연히 이런 질문에는 정해진 정답이 없지요. 아이가 하는 대답이 모두 정답입니다. "My mom can't cook well"이라고 말해도 슬프지만 정답!

또 『Bridge to Terabithia』를 읽고는 친구가 사고로 죽은 뒤 주인공의 행동이 이상하다며 아이가 이야기합니다. "엄마, Leslie가… 죽었어요. 근데, Jessie가 이상해요. 왜 울지도 않고 화내지도 않고 평소처럼 행동하지?"라고 말했어요. "왜 그런 거 같은데? 음… 너랑 가장 친한 친구가 어제까지도 잘 놀고 헤어졌는데 갑자기 죽어서 이 세상에 없다고 하면 넌 어떨 거 같아?"

라고 물으니 "아, 거짓말처럼 들릴 거 같아요. 상상이 안 돼…"라고 하더군요. 이런 대화를 나눌 수 있다면 'What did Jessie do after Leslie died?'라는 질문에 '2번, Jessie made a bridge'라고 답을 맞히는 테스트는 꼭 필요하지 않을지도 모릅니다.

엄마가 책에 대한 정보가 전혀 없다면 이와 같은 확인이 불가능할까요? 엄마가 책을 읽지 않았어도 다음과 같이 yes나 no로 대답할 수 없는, 즉 난답형으로 끝나지 않는 질문을 하면 됩니다. 문제 해결 능력을 갖춘 창의적인 아이로 키우려면 정답을 고르는 대신 생각을 말하도록 질문을 던져야 하니까요.

"이번 책에서는 어떤 장면이 제일 기억에 남아?"
"영화로 만든다면 어떤 배우가 주인공에 어울릴까? 가상 캐스팅을 해보자."
"이 책은 엄마한테 추천할 만하니? 엄마가 좋아하는 스타일의 책이야?"
"표지에 내용이 잘 표현되어 있니?"

단, 평소에도 대화가 자연스러워야 이러한 질문과 답이 오갈 수 있답니다. 사무적인 대화만 하다가 책 읽은 뒤에만 다정한 척 질문하면 '취조'가 되는 거지요. 다정한 대화는 일상에서 수시로 많이 나누어야 합니다.

잡지, 영자 신문 읽기

아이들이 초등학생일 때 「위즈키즈」나 「과학쟁이」 같은 잡지를 매달 보았어요. 과학을 별로 좋아하지 않는 아이인데도 「과학쟁이」에 나오는 내용은 신기했는지 이번에는 왜 안 사주느냐고 물어오곤 했지요. 아마도 지금 지구상에서 벌어지는 일에 대한 호기심과 관심 때문이었던 것 같아요. 잡지나 신문은 한곳에 머무르지 않고 흘러간다고 해야 할까요? 영어도 마찬가지예요. 기분 전환용으로 현실감 있는 영어를 위해 잡지나 영자 신문을 이용해보세요. 군더더기 없는 문장과 꼭 필요한 어휘를 현재의 사건 속에서 얻을 수 있어 일석이조거든요. 내용에 흥미를 느끼면 '영어를 위해 본다'가 아니라 '내용을 알기 위해 영어를 한다'가 될 겁니다. 다시 말해 지금까지 'Learn to Read'였다면 이제 'Read to Learn'인 것이지요.

아이가 잡지나 영자 신문을 보는 방식은 엄마가 여성 잡지나 패션 잡지를 보는 것과 같아요. 일단은 표지를 잘 들여다봅니다. 이번에 어떤 내용이 나오는지 한눈에 확인할 수 있지요. "오호, 이번엔 이 내용이 흥미롭네!"라고 점찍어두어요. 잡지는 소설도 아니고 백과사전도 아니기 때문에 순서대로 읽을 필요도 없고 꼼꼼하게 볼 필요도 없습니다. 처음에는 그냥 휙휙 넘기며 그림이나 사진 위주로 보다가 가장 관심이 가는 기사를 보게 됩니다. 그런 기사는 조금 더 정성스럽게 읽겠지요. 당연히 관심 없는 기사는 대충 봅니다. 잡지란 그런 것이니까요. 물론 한 꼭지 한 꼭지 정성스럽게 공부하듯이 볼 수도 있어요. 그러나 재미보다 강요가 앞서면 먼지만 쌓일 확률이 높아집니다. 한두 개의 기사 정도만 함께 읽으며 대화를 나누고 나머지는 자유롭게 보도록 하면 좋겠어요. 각 홈페이지에 구독자를 위한 음원이 있으니 집중 듣기용이나 흘려듣기용으로 활용해보세요.

「Time for Kids」는 주간지예요. 영어는 둘째 치고 선명한 풀컬러 사진만으로도 눈을 떼지 못할 정도입니다. 과학이나 자연, 관찰을 좋아하는 아이라면 분명 푹 빠져들 거예요. 아이의 영어 수준과 연령을 고려해 4단계 중에서 선택하면 됩니다. 「The Kinder Times」, 「The Kids Times」, 「NE_Times KIDS」는 영자 신문이에요. 흥미로운 사진과 그림으로 구성되어 이해를 돕습니다. 주로 상식과 사회, 문화, 과학, 세계 이슈 등의 내용이 들어 있지요. 각 영자 신문의 홈페이지에는 음원, QR 코드, 문제, 학습 자료 등이 제공되어 언제든지 활용할 수 있어요. 꾸준히 한다면 체계적으로 영어 실력을 높일 수 있습니다. 다만 정기적으로 받아보아야 하는 만큼 아이의 의지가 있어야만 밀리지 않고 할 수 있어요. 홈페이지에서 미리 보기를 하거나 샘플 신청을 통해 실물을 확인한 후 구독을 결정했으면 합니다.

Time for Kids(timeforkids.co.kr)

단계	음원	학습 내용	발행	QR 코드
• Big Picture 　유치원~초등 저학년 • Zoom in 　초등 저학년~중학년 • News Scoop 　초등 고학년~중학교	홈페이지 파일	세계 이슈, 다른 나라, 과학, 자연, 사회, 상식	월간	

The Kinder Times(kindertimes.co.kr)

단계	음원	학습 내용	발행	QR 코드
유치원~초등 저학년	QR 코드 킨더톡(펜)	의사소통, 자연 탐구, 사회관계, 예술 경험, 신체 운동	주간	

The Kids Times(kidstimes.net)

단계	음원	학습 내용	발행	QR 코드
초등	QR 코드 MP3	국내외 뉴스, 세계 문화, 과학, 자연, 영어 표현, 토론	주간	

NE_Times KIDS(netimes.co.kr)

단계	음원	학습 내용	발행	QR 코드
초등	QR 코드 MP3	인물, 공간, 문화, 스포츠, 핫뉴스, 세계, 자연, 과학, 사진, 토론	주간	

독서로 어휘 늘리기

'영어는 결국 단어 싸움이다'라는 말을 합니다. 아무리 문법을 공부해도, 아무리 독해집을 풀어도 단어를 모르면 해석을 못하고 문제를 풀 수 없기 때문입니다. 더구나 사교육을 받는 아이들은 하루에도 몇십 개씩 단어를 외우고 시험을 본다고 하니 이렇게 책만 읽어서 과연 따라갈 수 있을지 걱정되기 시작합니다. 그런데 여기서 의아한 점은 초등학교부터 고등학교까지 엄청나게 많은 단어를 외운 아이들 중 상당수가 여전히 독해를 잘 못한다는 사실이에요. 단어를 문맥 속에서 익히지 않았기 때문입니다. 단어만을 위한 단어 암기는 시험을 보고 나면 연기처럼 사라져버려요. take를 열심히 외워도 take a bath, take a nap, take my hand, take time, take care of her, take it easy를 모를 수 있다는 거지요. 그럼 숙어까지 다 외워야 하는 걸까요? 그랬다가는 머리가 터져버리고 말 거예요. take를 사전에서 찾으면 '(어떤 것을 한곳에서 다른 곳으로) 가지고 가다[이동시키다]'라고 나오거든요. 이렇게 외워가지고 어디에서 어떻게 쓸 수가 있겠어요. 하지만 여러 가지 표현을 책이나 영상에서 수시로 접한 뒤에 take를 떠올리면 어떤 뉘앙스를 가진 단어인지 알고 쓸 수 있다는 겁니다.

'이상한' 하면 제 머릿속에 딱 떠오르는 단어가 'strange'예요. 그런데 아이들에게 영어책을 읽어주다 보니 'weird'라는 단어가 정말 많이 나오더라고요. 낯설게 이상하거나 수상한 경우에는 주로 strange를 쓰고, "쟤는 참 이상해", "머리 모양이 왜 그렇게 이상하니?", "기분이 이상해"와 같은 경우에는 weird를 주로 쓴다는 사실을 알게 되었어요. 단어를 많이 외워도 언제, 어떻게 쓸지 모른다면 무용지물 무기 창고가 될 뿐이에요. 총알만 잔뜩 있고 정작 총알을 넣을 총은 없는 그런 곳 말이에요.

물론 단어 암기가 필요한 때도 있습니다. 마지막에 무엇이라도 하나 건져야 할 때, 시간이 없는 와중에 시험이 닥쳤을 때 막판에 외운 단어가 기적처럼 문제로 나오기도 하니까요. 그러나 초등 아이에게 걸맞은 상황은 아니지요. 최대한 많은 문장을 보고, 그 속에서 새로운 단어를 만나고, 어떻게 쓰이는지 아는 것이 중요합니다. 필수 단어라면 책을 읽는 동안 수시로 튀어나와요. 한글책을 읽으며 우리말 단어를 알게 되는 것처럼요. 그림책이나 리더스에서는 그림으로, 챕터북에서는 문맥상 유추로 단어를 익히면 됩니다.

그래도 너무 대충 읽어 걱정이 된다면 읽은 책에서 어휘를 뽑아 정리하는 방법을 써보세요. 모르는 단어를 전부 다 찾기보다는 하루에 5개의 단어 정도만 뽑아냅니다. 그날 읽은 책에서 반복되어 나오거나 줄거리를 파악하는 데 주요한 단어면 더 좋겠지요. 단어를 찾아보기만 해도 괜찮습니다. 찾았던 단어를 찾고 또 찾으면 귀찮은데다 자존심까지 상해서 '아, 이거 아까 찾았던 건데…', '맞다! 이 뜻이었지?' 하면서 외우게 될 테니까요. 그러나 본격적인 단어 암기는 독해집을 풀 때 하는 것이 좋아요. 문맥 속에서 익히고, 긴 지문이 아니라 부담도 적고, 교재가 있어 복습하기도 쉽습니다. 단어 암기는 독해집에서 하고 책 읽기는 그냥 책 읽기였으면 합니다.

엄마표 영어 듣기

영화 보기

그동안 계속 DVD를 보았다면 그대로 유지하기는 그리 어렵지 않을 겁니다. 아이들은 영상 보는 시간을 쉬는 시간으로 인식하거든요. 오히려 엄마가 마음이 급해져 읽기나 교재 풀이, 기타 과목 등을 이유로 영상 보는 시간을 줄이려고 하지요. 하지만 초등 6학년, 길어야 중학 1학년까지가 그나마 여유를 부리며 듣기를 할 수 있는 마지막 기회라는 걸 꼭 기억했으면 합니다. 듣기는 타이밍이 가장 중요한 영역이에요. 아이의 듣기는 성인의 듣기와는 차원이 다릅니다. 아직은 여유가 있으니 하루 1시간 정도는 듣고 보게 해주세요.

애니메이션과 실사 영화를 적절히 섞어서 보여주세요. 또래 아이가 나오는 영화라면 더욱 몰입해서 볼 겁니다. 엄마 아빠가 어린 시절에 보았던 영화를 같이 보는 것도 정말 좋아요. 부모 세대의 이야기를 해주며 대화를 나눌 수도 있고, 세련된 화면은 아니지만 영화라서 허용되는 옛것의 가치도 깨달을 수 있거든요. 스마트 기기의 출현 이후 태어난 Z세대 아이들에게 아날로그적인 감성을 한껏 불어넣어줄 수도 있고요. 유행은 돌고 도는 법이니 영화도 음악도 아이와 부모는 충분히 공유할 수 있을 겁니다.

추천 영화

코코 Coco

동양과는 다른 서양의 사후 세계를 볼 수 있어요. 죽음마저 따뜻해지는 영화입니다. 주제곡 'Remember me'는 빠르게 부를 때와 느리게 부를 때 완전히 다른 곡이 된답니다.

트루먼 쇼 The Truman Show

모두가 나의 일거수일투족을 지켜본다면? 진짜와 가짜, 진실과 거짓 그 선택에 대해 생각하게 됩니다.

나니아 연대기
The Chronicles Of Narnia

해리 포터
Harry Potter

반지의 제왕
The Lord Of The Rings

나 홀로 집에
Home Alone

마틸다
Matilda

미세스 다웃파이어
Mrs. Doubtfire

백 투 더 퓨처
Back to the Future

인디아나 존스
Indiana Jones

슈퍼맨
Superman

빌리 엘리어트
Billy Elliot

비밀의 숲
테라비시아
Bridge To Terabithia

홀즈
Holes

더 기버:
기억전달자
The Giver

투모로우
The Day After
Tomorrow

아바타
Avatar

토이 스토리
Toy Story

유령 신부
Tim Burton's
Corpse Bride

레미제라블
Les Miserables

주토피아
Zootopia

정글북
The Jungle Book

말레피센트

Maleficent

미스 페레그린과
이상한 아이들의
집

Miss Peregrine's
Home for
Peculiar Children

신비한 동물사전

Fantastic Beasts

원더

Wonder

코렐라인:
비밀의 문

Coraline

페어런트 트랩

The Parent Trap

윔피키드

Diary Of A Wimpy Kid

라모너 앤 비저스

Ramona and Beezus

플립

Flipped

마션

The Martian

휴고
Hugo

줄무늬 파자마를 입은 소년
The Boy In The Striped Pajamas

마이 리틀 자이언트
The BFG

크리스마스 캐롤
A Christmas Carol

스파이더위크가의 비밀
The Spiderwick Chronicles

미녀와 야수
Beauty and the Beast

추천 드라마

아이칼리 iCarly

청소년기로 들어서는 아이들의 재미난 에피소드를 그린 시트콤으로 시종일관 웃으며 현실 언어를 배우게 됩니다. 시즌이 진행될수록 성장하는 아이들의 모습도 볼 수 있지요.

풀 하우스
Full House

**잭과 코디,
우리 집은
호텔 스위트룸**
The Suite Life of
Zack&Cody

빅토리어스
VICTORiOUS

**빨간 머리 앤
(넷플릭스)**
Anne with an "E"

**우리 가족은
마법사**
Wizards
of Waverly Place

하이스쿨 뮤지컬
High School Musical

굿 럭 찰리
Good Luck Charlie

유튜브 활용하기

시청각 콘텐츠가 넘쳐나는 시대라 아무리 막으려고 해도 아이들은 게임이나 SNS에 어떻게든 접근합니다. 요즘 아이들은 무엇이든 유튜브에서 찾아요. 진실과 거짓이 뒤섞인 유튜브에서 아이들을 지켜내려면 제대로 사용하는 법을 가르쳐야 합니다. 그나마 통제가 가능한 시기에 무엇을 찾아볼지, 어떤 것을 선택할지 함께 이용하면서 절제하는 습관을 길러주어야 하지요.

방탄소년단을 좋아한다면 방탄소년단에 대한 외국인의 반응을 유튜브에서 찾아보세요. 영어를 잘 몰라도 자신이 좋아하고 흥미 있는 주제라 거부감 없이 봅니다. 해리 포터 시리즈를 좋아한다면 관련 유튜브를 함께 찾으며 영어에 대한 동기를 부여할 수도 있습니다. 무슨 말인지 듣고 싶고 댓글을 달고 싶다면 영어를 해야 하니까요. 작가를 검색해보는 것도 좋아요. 직접 책을 읽어주기도 하고, 책에 대한 설명을 해주기도 하고, 그 작가의 다른 책을 접하는 계기가 되기도 합니다.

무엇이든 순기능과 역기능이 있잖아요. 누구에게 배우느냐에 따라 순기능을 먼저 배울 수도, 역기능을 먼저 배울 수도 있습니다. '술은 아버지에게 배워라'가 옛말이었다면 지금은 '스마트폰은 부모에게 배워라'라고 해야 하지 않을까 싶어요.

집중 듣기

글의 양이 많아지면 빨리 읽고 싶어도 속도가 안 나고, 속도가 안 나면 읽기에 흥미가 떨어지기도 합니다. 이럴 때 집중 듣기가 큰 도움이 되지요. 소리에 맞추어 눈으로 읽다 보면 점점 빨리 읽기가 가능해져 다독을 하게 됩니다. 긴 책 읽기도 할 수 있게 되고요. 반면 낯선 단어나 이해가 안 되는 부분이 있어도 스리슬쩍 넘어갈 수밖에 없다는 단점도 있어요. 그래서 모든 책을 집중 듣기로만 읽는 것은 바람직하지 않습니다. 자칫 아이가 자신의 영어 수준을 집중 듣기 수준으로 오인하는 경우도 생기거든요. 책을 읽는다는 건 스스로 읽고 이해할 수 있음을 의미하지요. AR 4점대 책을 들어도 AR 2점대 책을 줄줄 읽을 수 없다면 AR 4점대 수준이라고 보기 어렵습니다. 듣기 실력을 높여주는 고마운 집중 듣기지만 반드시 스스로 읽는 시간을 가지도록 해주세요. 집중 듣기로 읽을 책과 스스로 읽을 책을 나누거나 집중 듣기 시간과 스스로 읽기 시간을 나누는 것도 골고루 읽을 수 있는 방법입니다.

- 책으로 나누기

  집중 듣기:『Harry Potter』

  혼자 읽기:『The Berenstain Bears』

- 시간으로 나누기

  집중 듣기: 오후 4~5시

  혼자 읽기: 오후 8~8시 30분

아동 문학에도 고전이 있어요. 『Anne of Green Gables』, 『The Wizard of Oz』, 『Adventures of Huckleberry Finn』, 『Alice's Adventures in Wonderland』 등은 오래되었지만 여전히 사랑받고 있는 책들이지요. 저작권 시효가 지난 이런 책들은 LibriVox(사이트, 애플리케이션)를 통해 무료로 오디오북을 들을 수 있습니다. 챕터별로 들을 수 있어 나누어 집중 듣기를 하기에 무척 유용하지요.

더 다양한 콘텐츠를 보유한 Audible(사이트, 애플리케이션)도 있습니다. 매달 일정 금액을 내야 하지만 CD로 음원을 구입하는 것보다는 훨씬 경제적입니다. BrainPOP jr.(사이트, 애플리케이션)에서는 간단한 애니메이션과 함께 집중 듣기를 할 수 있어요. 유료로 결제하면 더욱 많은 콘텐츠를 볼 수 있지만 무료로 일주일에 하나씩 올라오는 것만 반복 청취해도 충분하다고 봅니다. 교과 내용이 많아 사회, 과학, 수학, 건강, 언어 등과 관련된 다양한 어휘들을 익힐 수 있어요. 영상 관련 퀴즈도 풀 수 있는데, 어른에게도 어려우니 만점에 연연하지는 마세요.

LibriVox	Audible	BrainPOP jr.
librivox.org	audible.com	jr.brainpop.com

오디오북 소리만 듣기

과거 TV가 없던 시절에 라디오 극장은 사람들의 상상력을 자극하면서 이야기 속으로 빨려 들게 만들었어요. 지금도 책 읽어 주는 라디오는 상당히 매력적이고요. 귀를 쫑긋한 채 소리에만 의지하는 것도 색다른 즐거움이 될 거예요. 읽었던 책의 음원을 들으면 아는 내용이라 편하게 들을 수 있고, 처음 듣는 음원은 호기심에 더욱 집중하게 되겠지요. 헤드폰에 귀를 맡기고 누워서 명상하듯 온통 소리에 집중하는 경험도 해볼 만합니다.

엄마표 영어 말하기

동시에 읽기

소리 내어 읽기는 말하기의 기본을 탄탄하게 해줍니다. 읽기에 자신이 없다면 천천히 또박또박 읽겠지만 읽기가 편하다면 오디오와 속도를 맞추어 동시에 읽으라고 해보세요. 음원의 속도가 빠르면 박자를 놓치지만 이렇게 동시에 읽음으로써 어느 부분의 발음이나 연음이 안 되는지 파악하게 됩니다. 놓치면 놓치는 대로 따라가면 되지요. 원어민과 경쟁한다는 셈치고 빠르게 읽으며 자연스럽게 말하기 연습을 할 수 있습니다.

리포터나 앵커 되어보기

아이 손에 마이크를 쥐어주세요. 엄마는 동영상을 찍고요. 사진을 들고 리포터나 앵커가 되어 진행을 해보는 겁니다. 우선 리포터나 앵커가 어떻게 말하는지 유심히 관찰할 기회를 주세요. 국내 영상도 외국 영상도 모두 좋습니다. 그러고 나서 사진을 가지고 언제 어디에서 무슨 일이 있었는지 가상의 기사를 작성하게 하는 거지요. 마음대로 지어내는 기사라 쓰면서도 재미있어요. 여기서 기사를 쓰기 위해 단어를 찾고 문장을 만드는 과정은 공부입니다. 내용을 외우다시피 연습하면 더 좋겠지요. "기자가 카메라 앞에서 원고만 쳐다보면 어떡합니까? 카메라를 보세요"라며 엄마는 카메라 기자 역할을 충실히 해주세요. 다음은 남자 3명이 거대한 오이를 받치고 있는 사진으로 리포팅을 한 예시입니다.

: 가은이의 리포팅 모습.

288

Hello, Welcome to Callie News.

This is today's top story. (사진을 내밀며)

It's the biggest cucumber in the world.

It's so huge that the three men must pick up the cucumber.

This cucumber's length is 1 meter.

I wonder how long it took the cucumber to grow.

I think 5 or 6 men could eat it.

That's all from Callie News.

교재 활용 대화하기

　회화 교재를 이용하면 엄마가 영어로 질문을 만들 필요가 없어서 편리합니다. 교재에 나온 질문을 하고 아이에게 자신의 생각을 말하라고 하면 되거든요. 단답형으로 짧게 말할 수도, 길게 이야기할 수도 있어요. 너무 짧게 대답하면 추가 질문을 던져 조금 더 깊이 생각할 수 있도록 도와주세요. 질문은 꼭 영어로 하지 않아도 된답니다.

『Children's Talk』의 한 장면.

엄마: (1번 그림을 가리키며) How many hours do you sleep?

아이: I··· sleep 9 hours.

엄마: Why?

아이: Because I go to bed at 10 and wake up 7.

엄마: (2번 그림을 가리키며) How can we get up early in the morning?

아이: Just ask mom to wake me up~^^

엄마: 혼자 일어나야 하지 않을까?

아이: No, no. I can't wake up by myself. It's the hardest thing in the world.

엄마: 알람을 맞춰두는 건 어때?

아이: Good idea! I can use alarm clock but I don't want to wake up early.

엄마: (3번 그림을 가리키며) How do you go to school?

아이: Of course I go to school on foot. My school is very close to my house.

엄마: 얼마나 걸리지?

아이: It takes about 5 minutes to go there.

원어민과 대화하기

한동안 열풍이 불더니 2007년부터는 해마다 조기 유학이 줄어들고 있다고 합니다. 비용 대비 효과가 크지 않아서라는 기사를 읽었어요. 조기 유학까지 갈 필요는 없더라도 원어민과 소통할 수 있는 수준의 영어를 원한다면 언젠가는 원어민과의 대화를 시도해야 합니다. 꼭 외국에 가지 않아도 원어민과 대화할 수 있어요. 학원을 가거나 화상 영어를 하거나 원어민 과외를 하면 되지요.

그렇다면 언제쯤 원어민을 만나면 좋을까요? 동기 부여와 영어에 대한 적응 면에서 생각한다면 빨리 만나는 편이 좋을 수도 있어요. 언어는 실제로 사용하면서 배우는 방법이 가장 효과적이니까요. 주재원인 부모를 따라 외국에 나간다면 외부 환경이 갖추어지니 좋은 기회가 되겠지요. 그러나 국내에서라면 비용은 물론 아이의 상황까지 고려해야 해요. 만약 아이의 마음이 준비되지 않았다면 오히려 원어민과의 이른 만남이 영어를 두려워하는 계기로 작용할 수도 있거든요. 따라서 신중하게 시기를 고려해야 합니다.

아이가 하나도 알아듣지 못하고 아무것도 말할 수 없다면 원어민도 난감해합니다. 기본적인 의사소통이 되지 않아 어떻게 수업을 해야 할지 모르겠다면서요. 교육 전공자라면 모를까 대부분 영어가 모국어라는 이유만으로 선생님 역할을 하기에 아이에게 영어의 기초가 없다면 가르치기가 어렵습니다. 우리가 한국어를 전혀 모르는 외국인 아이에게 한국어를 가르친다고 생각해보세요. 단순히 한국어가 나의 모국어란 이유만으로 잘 가르칠 수 있을까요? 그렇다면 헬렌 켈러를 가르친 설리번 선생님과 같은 능력자일 겁니다.

그렇기 때문에 어느 정도 기초를 쌓은 후 원어민을 만나는 편이 가르치는 입장에서도, 배우는 입장에서도 좋습니다. 꾸준한 책 읽기와 듣기로 입이 근질거리고 혀가 말랑거리는 타이밍이 가장 좋아요. 영어로 좀 떠들고 싶은데 상대방이 없어 답답한 순간 말이지요. 리더스나 챕터북을 혼자 읽고, 원어 DVD를 1~2년 정도 꾸준히 보았다면 무리 없이 수업이 가능할 거예요. 일방통행이 아닌 쌍방 대화로 말이지요. 반면 근질거리는 입과 말랑거리는 혀를 타고난 아이들도 있습니다. 이런 아이들은 굳이 챕터북에 도달할 때까지 기다리지 않아도 괜찮아요. 그러나 원어민 수업을 한다고 해도 책 읽기와 듣기를 병행하지 않으면 효과가 떨어질 수밖에 없습니다. 이 부분을 간과한 엄마는 왜 어릴 때부터 원어민 과외를 시켰는데도 아이가 제대로 말을 못하냐고 답답해하지요. 짧은 시간의 대화만으로는 영어 실력이 쑥쑥 늘 수 없답니다. 아는 것이 많아야 하고 싶은 말도 많아지는 거니까요.

원어민 수업을 한다면 한국인 선생님에게 배울 수 없거나 혼자서 하기 어려운 내용 위주로 하는 편이 좋겠지요. 해외에서 공부하는 아이들도 방학이면 오히려 한국으로 들어와 한국인 선생님에게 문법이나 독해를 집중적으로 배운다고 하니까요. 문법이나 독해 등은 우리의 입시를 잘 아는 선생님이 더 잘 가르쳐요. 굳이 원어민 수업에서 교재 풀이, 단어 시험 등으로 시간을 허비하지 않았으면 해요. 원어민과는 최대한 많은 대화를 하면서 실제 의사소통으로써의 영어를 경험했으면 합니다.

대회 참가하기

교내 또는 교외에서 영어 말하기 대회가 종종 열리지요. 많은 사람들 앞에서 큰 소리로 말하기는 어른에게도 떨리는 일인데, 심지어 우리말도 아닌 영어로 말하기라니요. 생각만 해도 대단하지 않나요? 대회에 나가기로 결심하는 것부터 쉽지 않은 시작입니다.

무대에 서는 일, 모두가 나에게 집중하는 순간을 즐기는 아이가 있는가 하면, 그런 상황이 몹시 불편한 아이도 있어요. 그러므로 대회가 아이에게 견딜 만한 도전인지 스트레스 요인인지 파악해야 합니다. 아무리 영어를 잘해도 말하기 대회에 나갔을 때 불행할 것 같다면 안 나가는 편이 나아요. "한번 도전해도 될 것 같은데 어떻게 생각하니?"라고 권했을 때 아이가 관심을 보여서 나간다면 꽤 괜찮은 경험입니다. 엄마가 '상'에 연연하지 않는 모습을 보여준다면 말이지요. "그동안 열심히 책도 읽고 영상도 봤으니 한번 도전해보는 것도 좋을 것 같아. 엄마가 보기에 너는 발음도 좋고 표정도 참 좋거든. 경험은 정말 멋진 거야. 상을 받지 않아도 괜찮아. 네가 무대에 서는 것만으로도 이미 상을 받은 거나 다름없어"라고 말하며 도전을 긍정적으로 생각할 수 있게 해주세요.

원고는 아이가 직접 작성해야 합니다. 남이 써준 원고는 진심이 묻어나기 어려울뿐더러 계속 연습하면 앵무새처럼 외울 수는 있겠지만 아무래도 입에 착착 감기지 않습니다. 사실 잘 외워지지도 않아요. 긴장한 나머지 원고를 까먹는 일이 생겨도 자신의 원고라면 적당히 둘러댈 수 있지만 남이 써준 원고로는 그렇게 하기 어렵지요. 멋진 문장보다는 자신에게 편한 문장으로, 긴 문장보다는 간결한 문장으로 작성하는 것이 좋습니다. 소재는 '나만이 쓸 수 있는' 내용이 좋아요. 제목을 정하고 각 문단별로 주제를 생각한 뒤에 근거나 보충 설명을 덧붙입니다. 전반적

인 수정은 포털 사이트의 '파파고' 같은 번역기의 도움을 받아
도 괜찮아요.

파파고를 사용해 문장 수정하는 방법

① 작성한 영어 문장을 넣고 한글로 번역한다. 즉, 자신이 하고자 하는
　말이 맞는지 확인한다. (영어→한글)

② 내용이 맞으면 그 상태에서 역 번역을 누른다. (한글→영어)

③ 자신이 작성한 문장과 다르게 표현된 문법적 오류가 나오면 수정한다.

예시

① My grandma told me that a translator don't make enough
　money. (영어→한글)

② 우리 할머니께서 통역사는 돈을 충분히 벌지 못한다고 하셨습니다.
　(한글→영어)

③ My grandma said that a translator doesn't make enough
　money. (수정)

원고는 여러 번 수정해야 합니다. 누군가에게 맡기면 편하고
완벽에 가까운 원고가 되겠지만 말하기 대회에 참가하는 진짜
의미가 사라져버려요. 상장만 받으면 뭐하나요. 과정에서 얻는
성장이 진짜 상인 것을요. 소리 내어 크게 읽으면서 어색한 부
분을 찾아 다듬으며 수정하세요. 자연스럽게 읽히지 않고 자꾸

막히거나 꼬인다면 스스로에게 익숙한 단어와 더 쉬운 표현으로 바꾸어야 해요.

원고가 완성되면 완벽하게 외울 일만 남았습니다. 아마 수백 번은 읽어야 할 거예요. 단순히 글자만 외우려고 하면 엄청난 고통이 따릅니다. 내용을 떠올리며 한 문단씩 외우는데, 이때 책 읽듯 하면 곤란해요. 상대방이 앞에 있는 것처럼 이야기하듯 해야 합니다. 우리도 이야기할 때 무표정하거나 경직되어 있지 않잖아요. 내용에 따라 표정에도 변화가 생기고 강약이 생기지요. 너무 빠르지도 느리지도 않게 또박또박 말하면 됩니다. 물론 대회에 임박해서 부랴부랴 외우지 않게 조금씩이라도 날마다 연습하는 태도가 중요합니다.

피아노도 콩쿠르를 한번 나갔다 오면 실력이 확 늘어요. 같은 곡을 수백 번씩 연습하면서 도저히 불가능해 보이던 한계를 뛰어넘고 '하면 되는구나!'를 체험하게 되지요. 말하기 대회 역시 그런 면에서 좋은 경험임에는 틀림없습니다. 그러나 즐겁고 스릴 넘치는 도전이 되기 위해서는 아이의 참가 의사를 절대적으로 존중해야 합니다.

엄마표 영어 쓰기

초등 저학년 때는 영어를 잘하면 영어 글쓰기도 곧잘 합니다. 아니, 잘하는 것처럼 보입니다. 딱히 사고력이 뛰어나지 않아도 되고 복잡한 문장 구조가 필요하지도 않거든요. 그러나 고학년이 되면 달라지지요. 글은 사고에서 나오기 때문에 베끼거나 단순 상황을 설명하는 글을 넘어서면 자신의 생각이 드러나게 되어 있어요. 그리고 이러한 배경에는 모국어가 자리합니다. 모국어로 상대방을 설득하거나 감동시킬 수 없다면 영어로도 절대할 수 없어요. 두 언어를 다 잘하거나 모국어만 잘하는 사람은 있지만 모국어는 못하고 영어만 잘하는 사람은 찾기 어려울 겁니다. 아이의 우리말 글쓰기가 어떤지 살펴보세요. 일기 한 편도 어려워하고 학교 숙제도 힘들어한다면 우선 우리말 글쓰기가 먼저입니다. 영어 글쓰기와 관련해 도움을 얻고 싶다면 우리말 글쓰기 지도가 주제인 책을 읽거나 수업을 듣는 편이 더 좋습니다. 다음은 우리말 글쓰기에 대해 다룬 책이에요.

- 『초등 글쓰기 비밀수업』(권귀현, 서사원)
- 『초등 적기 글쓰기』(장서영, 글담출판)

아이가 글을 쓰게 하려면 쓸 수 있는 시간을 주어야 해요. 여기서 시간은 연필을 잡고 글자를 쓰는 시간뿐만 아니라 무엇을 어떻게 쓸지 생각하는 시간, 다양한 소재를 평소에 관찰하는 시간까지를 말합니다. 하루 종일 학원을 돌고 숙제를 하느라 뒹굴거릴 시간이 나지 않는다면 아무것도 끄집어낼 수가 없어요. 관찰과 사유에서 좋은 글이 나오니까요. 그러니 평소에 넉넉하게 여유를 주세요. 글쓰기 기술은 나중에, 아주 나중에 가르쳐도 되지만 지금이 아니면 안 되는 '생각'은 나중에는 할 수 없답니다.

첨삭과 교정은 문법과 관련이 있어요. 아직 문법을 공부하지 않은 아이의 글에 많은 오류가 있는 건 당연합니다. 학원에 다니는 아이들과 영작 실력에서 차이가 날까 봐 초조한가요? 처음에는 차이가 날 수도 있지만 추후 문법을 배우고 나면 글의 구성과 창의성이 돋보이는 글, 즉 콘텐츠가 좋은 아이의 글이 더욱 두드러지게 되므로 크게 걱정할 일은 아니에요. 문법 공부를 일찍 시작해 글이 경직되는 것보다는 자유롭고 창의적인 글을 쓰다가 문법을 배우면서 오류를 고쳐나가는 편이 낫습니다.

독서 감상문 쓰기

요약해서 글을 쓸 줄 안다면 이제 책의 줄거리와 함께 자신의 감상을 써보아도 좋아요. 감상은 한 줄부터 시작해도 괜찮습니다. 차차 느끼고 생각하는 것이 많아지면 쓰고 싶은 내용도 늘어날 겁니다. 다음과 같은 대화를 먼저 나눈다면 생각은 더욱더 커지겠지요.

- 인상적인 부분이 있었어?
- 그 부분을 읽을 때 기분이 어땠어?
- 처음에 예상한 대로 이야기가 흘러갔어?
- 마음에 드는 캐릭터는 누구야?
- 어떤 아이들이 이 책을 좋아할까?
- 저번에도 이 작가의 책을 읽었잖아. 공통점이 있어?

언젠가 아이에게 "이 책 시리즈가 끝났어? 다음 이야기는 이제 없는 거니? 너 이 시리즈 좋아했는데 아쉽겠다"라고 말한 적이 있었는데 "I'm really sorry that this book is over. I hope to see the writer's next story"라는 문장을 썼더라고요. 아이와 엄마가 책을 읽으며 대화했던 내용은 글을 더욱 풍성하게 해줍니다.

이야기 만들기

인터넷에서 그림이나 사진을 출력해 모아두었다가 활용해보세요. 아이에게 이야기 만들기에 필요한 것을 원하는 만큼 고르게 합니다. 그림이나 사진을 고를 때부터 '아, 이거랑 저걸 골라서 이렇게 이야기를 꾸며봐야지'라고 스토리 구상에 들어가는 거지요. 대강의 구도를 잡고 그림이나 사진을 붙여가며 창작이 시작됩니다. 아이들은 모두 작가이고 예술가예요. 재미만 있다면 상식적이지 않아도 마구 이야기를 펼쳐냅니다. 소위 말하는 막장이 될지도 몰라요. 뻔한 내용이 될 수도 있고요. 그런데 그런 아무 말 대잔치가 아이를 더 창의적으로 만들어준답니다. 아이의 글이 도통 무슨 말인지 모르겠다면 "무슨 내용이야?"라고 물어보세요. "정말 재미있는 스토리네. 어떻게 그런 기발한 생각을 했어?", "오, 다음 이야기가 엄청 기대된다. 혹시 2편도 쓸 생각 있어?", "대사가 너무 웃겨. ㅎㅎ" 하며 평가가 아닌 내용에 관한 대화를 나누세요.

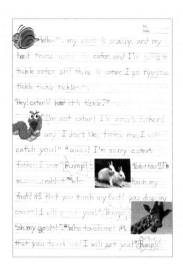

단어 활용해서 쓰기

책을 읽으면서 보았던 단어들을 모아 이야기 만들기를 시켜보세요. 단순히 우리말 뜻만 외우기보다는 단어를 직접 사용하면서 체득하면 의미를 훨씬 정확히 이해하게 됩니다. 3~5개 정도의 단어를 골라 "이 단어들을 모두 넣어 작가처럼 이야기를 만들어보자"라고 하는 겁니다.

• 활용 단어: smash, tingling, effort

Yesterday a small squirrel found a huge chestnut. He wanted

to take it home but it was too big to carry. He had an idea. He smashed the chestnut with an ax. His hands were tingling. When he carried the small chestnut a big squirrel came and took it away. Oh, poor small squirrel… His effort became nothing.

자유롭게 쓰기

매일 글을 쓰는 건 작가에게도 힘든 일이에요. 생각보다 시간이 오래 걸리기도 하고 시작은 해도 끝을 맺기가 어렵기도 하지요. 너무 자주 쓰게 하면 완성도 있는 글보다는 매번 비슷한 때우기 식의 글이 될 수 있어요. 한 달에 한두 번만 쓰더라도 발전하는 쓰기가 되었으면 합니다. 마땅한 주제가 떠오르지 않는다는 점도 쓰기를 망설이게 하는 이유입니다. 꾸준히 소재를 제공해줄 수 있다면 좋겠지요? 영자 신문이나 잡지를 구독한다면 다양한 topic을 접할 수 있어요. 관심 있는 내용을 골라 관련 글쓰기를 해보는 거예요. 예를 들어 미세 플라스틱으로 인한 문제점을 읽었다면 '플라스틱을 줄이기 위한 나의 노력How to reduce the use of plastic'에 대해 써보는 식으로요. 또한 일기 형식으로 된 책을 읽고 "이런 diary를 써보면 어떨까?"라고 제안해보세요. Wimpy-Kid나 Dork Diaries처럼 써보는 일도 재미난 경험이 될 거예요.

그림도 그리고 꾸미기도 하면서 자유롭게 쓴 글은 나중에 들추어보면 매우 아련한 추억이 된답니다.

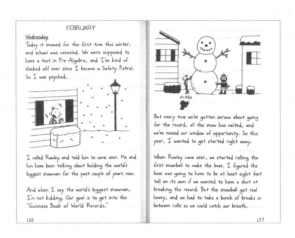

∴ 『Diary of a Wimpy Kid』의 한 장면.

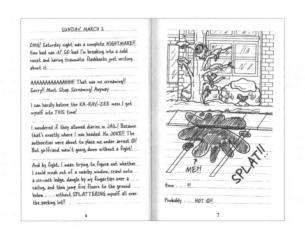

∴ 『Dork Diaries』의 한 장면.

교재 활용하기

참고서나 문제집을 풀어야 왠지 '공부'를 했다는 생각이 들잖아요. 문제를 보고 답을 적고 점수를 내야만 안도하는… 그러나 수업은 제대로 안 듣고 문제집만 푸는 일이 잘못된 것처럼 맹목적으로 교재만 많이 푸는 일도 제대로 된 방법이 아니에요. 교재는 부족한 부분을 보완하는 도구예요. 책을 읽고, 듣고, 어느정도 자신의 생각을 말하고 쓸 수 있을 때 비로소 문법과 독해교재가 진가를 발휘합니다. 그러므로 최대한 시기를 늦추어 읽고 즐기는 영어를 더 하는 편이 좋겠어요. 가능하면 AR 2~3점대 챕터북을 읽을 때쯤 시작했으면 합니다. 어차피 중고등학교때는 마음 놓고 소설책을 읽을 시간도, 영화를 볼 시간도 별로 없을 테니까요. 그때가 되면 싫어도 지겹도록 문제집을 풀어야 하니 어린 나이에 서둘러 시작할 필요는 없지 않을까요?

문법 공부하기

언어에는 무수히 많은 규칙이 존재하지만 사실 사용하는 순간에는 일일이 의식하지 않아요. '아, 내가 지금 한 말은 '안은문장'이지? 홀로 쓰일 수 없는 단어니까 이건 '의존 형태소'구나' 라고 생각하면서 말하지 않잖아요. 오히려 사용하고 있는 수많은 말에서 공통 규칙을 찾아내 '아, 이게 의존 형태소였구나!'라고 깨닫는 것이 문법입니다 'be+~ing는 진행형이고 I에 쓸 수 있는 be동사는 am인데 am의 과거형은 was니까…' 이런 생각을 하느라 "I was drinking water"가 툭 터져 나오지 못한다면 문법이 무슨 소용이 있겠어요. "I was drinking water"라고 자유롭게 말하는 아이에게 "네가 지금 한 말이 과거 진행형이야"라고 알려주는 게 올바른 순서라는 거지요. 관용구나 전치사도 다 외우기에는 한계가 있어요. 그러나 책을 많이 읽은 아이들은 "여기에는 그냥 of가 들어가는 게 당연해요. 다른 건 이상해요"라고 말해요. '그냥'이 많을수록 유리한 것이 언어입니다.

말하지 못하고 쓰지 못하는 상태에서 문법부터 배우면 말하거나 쓸 때 긴장을 해요. 규칙에 맞는지 신경을 쓰는 거지요. 그러다 보면 하고픈 말을 충분히 하는 게 아니라 문법에 맞는 말을 하기 위해 생각의 길이와 폭을 줄이게 된답니다. 문법은 언어를 제대로 알기 위해 꼭 필요한 공부임에는 틀림없지만 시작 시기가 너무 빨라서는 안 되는 이유입니다.

첫 문법책은 지나치게 길거나 문제가 많지 않았으면 합니다. 아이들에게는 문법 용어가 낯설고 어려우니까요. 오랫동안 배워야 하기도 하고요. 처음부터 질리면 안 되겠지요. 일단 시작했다면 매일이든, 이틀에 한 번이든 규칙적으로 공부하면서 미루지 않고 문제를 푸는 일이 중요합니다. 엄마가 문법을 직접 가르쳐줄 수도 있어요. 설명을 읽어주는 정도는 충분히 할 수 있으니까요. 엄마도 다 배웠던 내용이라 겁만 먹지 않는다면 한글 설명을 읽어주는 건 그렇게 어려운 일이 아니더라고요.

하지만 영어책을 쭉 읽어온 초등 고학년이라면 인터넷 강의나 교재만으로도 문법 이해가 가능합니다. 착실한 아이라면 인터넷 강의가 효과적이에요. 꾸준히 듣고 문제를 풀 수 있도록 엄마는 시간 관리만 해주면 됩니다. 'EBS 중학' 영문법 기초 강의 중 아이가 마음에 드는 선생님을 골라 수강하거나 '혼공 기초 영문법' 유튜브 강의를 들으며 공부하게 해주세요. 교재 없이 듣기만 해도 괜찮으니 일단 마지막 강의까지 다 듣는 것을 목표로 해야 합니다. 이후에는 인터넷 강의와 문법 공부가 모두 편해질 겁니다.

추천 문법 강의

- EBS 중학 My Grammar Coach

  기초편, 표준편 중에서 자신의 수준에 맞는 강의 선택

- 혼공 기초 영문법

  Level 1, Level 2, Level 3 중에서 자신의 수준에 맞는

  강의 선택

추천 문법 교재

- 『GRAMMAR ZONE 그래머존 입문편』(능률영어교육연구소 외, NE능률)
- 『EBS My Grammar Coach 기초편』(이상엽 외, 한국교육방송공사)
- 『The Grammar Lab』(Kenna Bourke, Oxford University Press)

독해하기

우리가 한글을 읽지 못해 국어 성적이 나쁜 것이 아니듯 영어 역시 읽지 못해 이해를 못하는 것은 아닙니다. 읽기를 넘어 그 속에 담긴 의미를 찾는 일이 진짜 독해거든요. 물론 책을 많이 읽으면 독해력이 올라간다고 합니다. 독해집을 풀지 않는다고 영어를 못하지도 않고요. 그럼에도 불구하고 언젠가는 시험을 보고 입시를 치러야 하기에 문제 풀이를 완전히 무시할 수는 없는 노릇입니다.

독해집은 아이의 영어책 읽기 수준보다 낮은 것이 좋습니다. 책은 해석 없이 즐기듯 읽어도 되지만 독해집은 그렇게 보면 안 되거든요. 모르는 단어가 많거나 문장이 어려우면 꾸준히 하기가 어렵습니다. '조금 쉽지 않을까?' 하는 수준, 책을 편히 읽을 수 있는 수준에서 시작해야 자신감과 성취감이 생겨 지속할 수 있어요. 그러므로 챕터북 이상 읽을 때쯤이 가장 이상적입니다.

초등학생이 교재를 푸는 방법은 중고등학생과는 달라야 해요. 중고등학생은 빠른 시간 안에 답을 고르는 일이 중요하기 때문에 주제 문장을 찾고, 동사를 기준으로 문장을 나누고, 불필요한 부사구를 걸러내는 등 일종의 기술이 필요해요. 때로는 뜻을 몰라도 답은 맞힐 수 있다고 하더라고요. 지문을 다 읽지 않고 풀기도 하고요. 하지만 초등학생은 입시생이 아니잖아요. 정독을 하면서 단어를 정확히 익히고 문장을 해석하는 방법을 습득하게 해야 합니다. 다음은 초등학생을 위한 교재 풀이 방법입니다.

① 본문을 읽지 않고 음원을 먼저 듣는다. (듣기 연습)
② 본문을 한번에 쭉 읽으며 무엇에 관한 내용인지 짐작한다. (모르는 단어나 이해되지 않는 문장이 나와도 멈추지 않기)
③ 다시 천천히 읽으며 모르는 단어를 표시하고, (뜻 유추) 단어를 사전에서 찾아 한쪽 귀퉁이에 적거나 따로 노트에 적는다. (본문에 우리말 뜻을 적으면 다시 볼 때 한글을 보고 안다고 착각할 가능성)

④ (음원과 함께) 다시 한 번 더 읽고 문제를 푼다.

⑤ 단어를 외운다. (다음번 교재를 푸는 날 이전 단어를 복습하고 시작)

국내에서 나온 독해집을 풀 때 엄마는 약간의 노동을 해야 합니다. 단어를 찾는 과정에서 단어를 외울 수 있는데 국내 독해집은 단어 옆에 우리말 뜻을 적어두거든요. 수고스럽겠지만 종이로 가리거나 검은색 사인펜으로 그 부분을 지워주세요. 그래야 아이가 정말 모르는 단어가 무엇인지 확실히 알고 찾아보게 됩니다. 독해집에 나온 단어는 정확히 알고 넘어가는 편이 좋아요. 한 단원에 서너 개 정도의 단어 테스트는 부담되지 않을 겁니다. 물론 스마트폰으로 단어를 검색하면 편하지만 아무래도 딴짓을 할 가능성이 높아져요. 종이 사전은 불편하고요. 아이가 이용하기에는 음성 기능 정도가 지원되는 단순한 전자 사전이 편합니다.

추천 독해집

- 『주니어 리딩튜터』(편집부, NE능률)
- 『리더스뱅크』(이장돌 외, 비상교육)
- 『All New Very Easy True Stories』(Sandra Heyer, Pearson)
- 『Easy True Stories』(Sandra Heyer, Pearson)

엄마도 성장하기

TED 청취하기

TED는 Technology, Entertainment, Design의 약자로 공공 강연 동영상을 말합니다. 다양한 인종, 직업, 나이, 억양… 그야 말로 버라이어티한 강연장이지요. 한 문장 한 문장이 얼마나 깔 끔하고 명쾌한지 말하기의 본보기가 되고도 남습니다. 언젠가 는 저런 연설을 청중 앞에서 할 수 있을까, 내가 아니면 아이라 도 저렇게 될 수 있을까 희망도 가져봅니다. 하지만 수준이 높 은데다 낯선 단어까지 많아서 듣기가 겁나는 건 사실입니다. 아 이는 TED까지 들을 수 있으면 좋겠다고 생각하지만 도전하는 엄마는 그리 많지 않지요. 그래서 TED를 볼 때는 '영어'에 중점을 두지 말고 '배움'의 장이라고 여기는 자세가 중요합니다. 연사가 무슨 말을 하는지, 어떤 깨달음을 주는지에 더 집중하는 거지요. 또한 어떻게 강연을 시작해서 단숨에 청중을 끌어들이는지, 어떻게 끝맺음을 하는지에 대한 관찰도 꽤 흥미로운 일입니다. 게다가 주제도 얼마나 다양한지 제목만 읽어도 똑똑해지는 기분이에요.

이해가 어렵다면 스크립트를 보면서 들으세요. 집중 듣기를 하는 거지요. 한 달에 한 편 정도를 골라 정독하고 반복 청취를 하면 좋습니다. 처음에는 느리게 듣다가 점차 속도도 올려보고요. 0.5배속부터 2배속까지 속도 조절이 가능하거든요. 물론 10%도 이해하지 못한다면 TED보다 쉬운 원서 읽기를 더 해야 합니다. 그러나 TED에 깃발을 꽂는 날을 목표로 욕심을 가져보아도 좋지 않을까요?

TED
ted.com

. TED 유튜브 영상에서 '… 더보기'를 누르면 '스크립트'가 나오며, 영어나 한국어를 선
  택하면 스크립트와 함께 영상을 볼 수 있다.

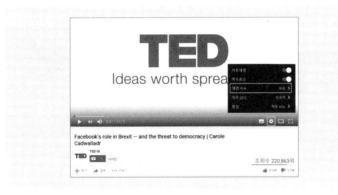

. TED 유튜브 영상에서 톱니바퀴 모양의 아이콘을 누르면 '재생 속도'가 나오며, 0.25배
  속~2배속 중에 선택해서 영상을 볼 수 있다.

프리 토킹 모임 참석하기

영어로 대화를 주고받는 상대방이 원어민일 수도 있지만 엄마들끼리 스터디를 하면서 서로 보완해나갈 수도 있습니다. 프리 토킹 모임은 완전 초보에게는 무리예요. 문법이 완벽할 필요는 없지만 기본 문장을 만들 줄 알고 자료를 읽고 이해할 수 있어야 합니다. 장점은 수업료가 없다는 것, 그리고 모두 원어민이 아니니 조금은 부끄러움이 덜하다는 것이에요. 하지만 역시 같은 이유로 흐지부지되거나 우리말 사용이 남발되기도 합니다. 맘카페 등에 모집 글을 올리거나 누군가 글을 올렸을 때 참가 의사를 밝혀서 모임의 일원이 되어보세요. 모임을 하다 보면 회화 실력은 올라가게 되어 있어요. 그리고 단답형으로 대답하지 말고 가능하면 문장을 길게 늘려 말하는 편이 도움이 됩니다. "What is your hobby?"라는 질문에 "I like reading"으로 끝내지 말고 "I like reading. I go to the library every weekend and pick several books for me"처럼 길게 답하는 거지요. 또한 다른 사람에게 질문하고, 반응하며 웃어주고, 이해하지 못한 내용은 그때그때 확인해가면서 대화를 늘려나갑니다. 프리 토킹 주제는 구성원들이 정하며, 마땅한 내용이 떠오르지 않는다면 다음의 자료를 참고하세요.

Conversation Questions for the ESL/EFL Classroom

iteslj.org/questions/

엄마표 영어 궁금해요

—

아무것도 모르면
궁금하지 않습니다.
모르는 게 무엇인지
아는 것이
발전의 시작입니다.

01 | 엄마표 영어

Q 저는 엄마표 영어가 왜 이렇게 힘들까요? 성공한 사람들은 대체 어떻게 한 걸까요?

A 포기하지 않고, 흔들리지 않고, 비교하지 않고, 꾸준히 해나가는 사람들이 있지요. 그 지속성에는 이런 마음이 깔려 있습니다. "잘하지 않아도 돼." 피아노로 예를 들자면,

"잘 치지 않아도 돼.

네가 피아노를 좋아하고,

곡을 연주하고 싶은 마음이 있고,

그래서 연습하게 되고,

늙어서도 좋은 친구로 남을 수만 있다면

피아니스트만큼 잘 치지 않아도 괜찮아.

치다가 틀려도 괜찮고,

삑사리가 나도 돼.

가끔 엄마가 노래할 때 간단한 반주라도 해주면 더없이 좋겠구나."

이런 마인드면 좋겠어요. 재능이 있다면 피아니스트가 되겠지요.

재능이 없다면 즐거운 피아노가 될 거고요. 하지만 그만두지는 않을 겁니다. 무엇이든 잘해야 한다는 생각이 힘들게 하고 멈추게 하는 법이지요.

Q 엄마표 영어를 하면 정말 날마다 행복한가요? 힘들고 화가 나는데 저만 그런 걸까요?

A 아이의 삐딱한 자세에 속이 상하고, 계획한 만큼 읽지 못해 마음이 불안하고, 뜻대로 따라오지 않는 아이 때문에 화가 나고, 나의 한계가 여기까지인가 슬프고, 이렇게 매일 어떡하나 서럽고… 저도 매일매일 그랬어요. 그리고 그다음 날 아침에 리셋했답니다. 화나고 리셋하고 화나고 리셋하고… 무한 반복이었지요. 그런데도 엄마표 영어가 행복했다고 말할 수 있냐고요?

TV를 보았어요. 심장 기형으로 세상에 나오자마자 수술실로 직행했던 18개월 아기는 그동안 수차례의 수술과 입원을 했더라고요. 아이는 지금도 걷지 못해요. 조금만 놀거나 욕조에 앉아 있기만 해도 청색증이 오고요. 엄마는 항상 산소통을 옆에 두고 잠시도 눈을 떼지 못합니다. 힘들어 보였고 순간순간이 고비 같았지요. 그래도 엄마는 아이와 함께한 오늘이 행복하다고 말할 겁니다. 아이 때문에 불행하다고 말하지 않을 거예요.

제가 말하는 행복은 그런 것입니다. 매 순간의 행복이 아니라 함께 이겨낸 기억, 함께 만든 추억, 힘들어도 가치가 있기에 버틸 수 있었던 나날들. 그래서 엄마표 영어가 행복하다고 말하는 거랍니다. 읽을 수 있을까 싶었는데 읽고, 끼적끼적 쓴 것을 쑥 내밀고, 의외의 단어를 알고, 어느 순간 영어로 몇 마디 말을 하고… 힘들고 화가 나다가도 고비를 넘기면 그 자체가 행복이었던 것 같습니다.

Q 엄마표 영어와 학원 사이에서 갈등이 되네요. 각각 장단점이 있어 선택이 쉽지 않아요.

A 이것도 놓치기 싫고 저것도 놓치기 싫고, 하나를 선택하자니 다른 것이 걸리고, 모든 게 뒤죽박죽이어서 더 결정하기 어렵지요. 우선순위를 정해보세요. 지금 필요한 것이 아이의 영어 성적인지, 놀이 시간인지, 친구인지, 비용의 효율인지, 엄마의 참여 정도인지 등을요. 다음을 보고 무엇에 중점을 둘지 먼저 정해야 합니다.

- 영어 성적보다 언어로서의 영어를 배우게 하고 싶다면 → 지금이라도 엄마표 영어
- 엄마가 하루 30분도 아이에게 내주기 어렵거나 정말로 자신이 없다면 → 학원
- 아이에게 뒹굴뒹굴할 시간과 편한 영어를 주고 싶다면 → 엄마표 영어

- 친구들과 놀 시간이 필요하다면 → 학원

Q 학원을 그만두고 엄마표 영어를 하고 싶은데 괜찮을까요?

A 학원을 계속 다니던 아이라면 아마도 그만두는 것에 대해 무척 불안한 마음이 들 거예요. 무작정 학원을 그만두기 전에 엄마표 영어를 잘 진행하고 있는 분들을 찾아 관찰하세요. 대략적이어도 좋으니 나름대로의 플랜을 짜시고요. 적어도 하루에 15분은 책을 읽어주자, 30분은 DVD를 보여주자, 30분은 리틀팍스를 시키자 등으로요. 엄마가 먼저 확신을 가져야 혼란 없이 쭉 진행할 수 있어요. "그래, 이 길이 맞아!"라는 확신 없이 학원을 덜컥 그만둔다면 조금 흉내만 내다가 어물쩍 다시 학원으로 돌아갈 가능성이 높습니다. 그만두기에 앞서 선배들을 관찰하고 목표를 정할 것, 그다음 곧바로 실행에 옮길 것, 흔들리지 않고 열심히 달릴 것. 이렇게 조언해드리고 싶습니다.

Q 영어 실력도 늘고 있고 입소문도 좋아 마음에 드는 학원인데 엄마인 제가 숙제를 봐줄 수가 없어요. 어떻게 해야 할까요?

A 학원은 엄마의 사정을 이해하고 한 아이만을 위해 특별 보충 수업

을 해주지 못합니다. 그 학원을 좋게 평가했던 엄마들은 아이의 숙제를 꼬박꼬박 시켜서 보냈겠지요. 그래서 실력도 늘었을 거고요. 엄마는 도저히 숙제를 봐줄 수가 없는데 아이가 혼자 하기에는 어렵다면 숙제가 없는 곳을 찾아서 보내야겠지요. 다른 사람들의 평가가 아무리 좋아도 우리 집 사정과는 맞지 않으니까요. 숙제가 없고 매일 가서 일정 시간 영어를 하는 곳을 찾아보세요. 그래야 아이도 숙제 못한 아이로 찍히는 스트레스에서 자유로울 수 있습니다. 숙제를 따로 봐주는 선생님을 구할 수도 있겠지만, 자칫 아이가 누군가에게 계속 습관적으로 의존하지는 않을지 고려해보아야 할 것입니다.

Q 학원을 다니는 아이들은 레벨 테스트를 받더라고요. 엄마표 영어도 레벨 테스트를 받을 수 있을까요?

A 엄마표 영어를 하면서도 학원에서 테스트를 받을 수 있습니다. 다만 학원과 엄마표 영어의 진행 방식이 다르기 때문에 결과가 생각보다 안 나올 수 있어요. 예를 들어 문법은 안 하고 책만 읽은 아이는 문법 문제가 나오면 틀릴 수밖에 없지요. 그래서 테스트를 받고 나면 부족한 부분을 채우기 위해 '학원식 엄마표'를 하려는 분들이 생겨요. 학원을 안 보내려고 엄마표를 하는 건데 참 아이러니한 일이지요.

굳이 테스트를 받지 않아도 아이의 성장은 눈에 보입니다. 책 수준이 올라가고, 문장 표현력이 좋아지고, 모르던 말을 알아듣고, 스스로 선택하고 즐기지요. 그것을 꼭 점수로 보아야 할 필요가 있을까 싶습니다. 앞으로 계속 점수로 취급당할 거잖아요. 엄마가 보내는 신뢰의 눈빛과 아이의 자신감으로 테스트 이상의 효과를 볼 수 있었으면 합니다.

자신이 영어를 굉장히 잘하는 줄 알고 의기양양하다가 학원 테스트 한방에 주눅이 들고 의기소침해지는 경우도 있어요. 엄마도 마찬가지고요. 그러나 초기 단계를 지나 챕터북으로 진입해 읽기와 듣기가 원활한 초등 고학년이라면 대형 학원에 가서 테스트를 받아보는 것도 나쁘지 않습니다. 중학교 대비 부족한 부분을 보완하기 위한 도구로써 말이지요.

Q 엄마표 영어를 하면 아이와 함께하는 시간이 많아질 텐데 그래서 제 생활이 없어질까 봐 두려워요.

A 다른 과목에 비해 영어는 엄마표로 하려면 많은 시간이 든다고 생각해요. 그래서 그만큼 엄마의 마음이 무겁지요. 하루에 두세 시간을 꼼짝하지 않고 아이의 영어를 위해 희생해야 하니까요. 가족이란 서로를 배려하며 어우러져 살아가야 하는 사람들이에요. 아이로 인해 엄마가 희생한다는 생각을 하기 시작하면 아이가 미워지

고 육아가 짐스러워질 겁니다. 그렇기 때문에 엄마의 자기 발전이 없는 엄마표는 바람직하지 않아요. 이 책에 엄마의 영어 공부를 넣은 이유이기도 하고요.

아이가 유치원생일 때 스스로 샤워하는 법을 가르쳤어요. 가끔 제대로 헹구지 못해 비눗기가 남아 있을 때도 있었지만 그게 그렇게 대단한 문제는 아니잖아요? 아이가 샤워를 할 때 저는 빨래를 갰습니다. 혼자 옷을 입게 하고 혼자 양치하게 하고……. 초등 때부터는 계획표를 짜서 "공부해라", "책 읽어라"가 아니라 "지금은 무엇을 할 시간이지?" 하면서 자기 일을 하게 했어요. 아이는 스스로 DVD를 보고 책을 읽고 숙제를 했지요. 어느 날 갑자기 모든 것을 한꺼번에 시작한 게 아니라 하나씩 하나씩 습관을 잡아준 겁니다. 하나의 습관을 잡으려면 처음 며칠, 아니 몇 달은 더 힘들지 몰라요. 그러나 그 후부터는 내내 편안해집니다.

저는 엄마표로 아이들을 키워서 오히려 한가했다고 생각해요. 사교육에 맞출 필요 없이 여행도 다니고 산책도 나가고 아무 때고 훌쩍 드라이브도 가고 책도 읽었거든요. 아이의 생활 습관이 잘 잡히면 같은 공간에 있어도 각자의 생활을 존중합니다. 엄마표를 해서 엄마의 생활이 없어지는 게 아니라 시간 관리와 습관 형성이 제대로 해결되지 않아서라고 생각해요. 엄마표든 아니든 어차피 아이의 자기 주도 생활은 필수잖아요. 서서히 아이의 생활 독립을 시도한다면 엄마가 매이는 일은 없을 겁니다.

Q 하루 3시간은 해야 한다던데 그렇게 하려니 시간이 너무 부족해요.

A 하루 3시간 채우기가 얼마나 어려운지 알 사람은 다 알 거라고 생각해요. 하루는 24시간인데 자야지, 학교나 유치원 다녀와야지, 밥 먹어야지, 놀아야지… 게다가 워킹맘들에게 하루 3시간이라는 숙제(?)는 가혹하기까지 합니다.

사실 저희 집은 하루 3시간을 한 적이 별로 없었어요. 아무리 많아도 학기 중에는 하루 2시간이었지요. 그중 1시간 정도는 영상을 보았으니 영어책을 읽어주거나 읽는 시간은 30분 정도였어요. 영상 시청은 처음 습관 잡기에 공을 들인 뒤로는 스스로 알아서 보았기 때문에 결국 엄마가 꼭 필요한 시간은 하루 30분 정도였던 것 같아요. 직장에 다니는 엄마도 노력하면 하루 30분 정도의 시간은 낼 수 있지 않을까요? 제가 아이들에게 책을 읽어주었던 시간도 항상 저녁 8시였거든요.

한글책도 읽어주어야 해서 시간이 없다고요? 한글책 15분, 영어책 15분을 읽어주어도 되고, 한글책의 읽기 독립이 된 후에 영어책을 읽어주어도 됩니다. 하루 3시간에 강박적으로 집착할 필요는 없어요. 그리고 그 시간을 학습으로 채울 필요는 더더욱 없고요. 매일매일 꾸준히 하는 것이 더 중요하답니다.

Q 어린 동생이 있어서 힘들어요. 책을 읽어주려고 하면 동생이 방해하거든요.

A 어린 동생 때문에 영어책을 읽어줄 수 없다는 분들이 있습니다. 그런데 동생이 있으니까 더욱 엄마표 영어를 해야 하지 않을까요?

제 작은아이는 아기 때부터 언니 덕분에 어깨너머로 영어를 익혔어요. 언니가 보는 DVD를 같이 보고, 언니에게 읽어주는 영어책 소리를 같이 듣고, 언니가 리틀팍스를 하는 동안 자기도 하겠다고 우기고… 그러면서 의도치 않게 영어가 스며들더라고요. 만약 동생 때문에 엄마표를 하기 어렵다고 큰아이를 사교육에 맡겼다면 작은아이 역시 제로에서 시작하는 영어였겠죠? 그러면 시간도 2배, 비용도 2배였을 겁니다.

동생이 많이 어리다면 동생의 낮잠 시간을 영어책 읽는 시간으로 정해보세요. 또는 동생이 우유를 먹는 시간에 옆에 앉혀놓고 읽어주어도 좋고요. 책을 뺏거나 징징대는 등 방해할 정도의 나이라면 동생에게 먼저 책 놀이를 해주고 큰아이와의 시간을 가져보세요. 충분히 놀아준 뒤에 "이제는 형/누나/오빠/언니 책 읽어주는 시간이야" 하고 단호한 표정으로 말하면서 블록, 퍼즐, 종이, 클레이 등의 놀잇감을 주세요.

저는 작은아이를 업고서도 읽어주었고, 먹이면서도 읽어주었고, 심지어 등으로 막아가면서까지 큰아이에게 책을 읽어주었어요. '내가 방해해도 결국 엄마는 언니에게 책을 읽어주는구나'를 깨달은 둘째가 포기했던 것 같아요. 습관이 되니 그냥 그 시간에는 그런가 보다 하고 아이도 받아들이더라고요. 시간이 걸리더라도 규칙을 만들어가는 게 중요합니다.

Q 엄마표 영어의 필요성을 알게 되어 잘해보고 싶은데 남편과 의견이 달라요. 어린애한테 벌써부터 왜 스트레스를 주냐고, 커서 하면 더 빨리 배울 수 있다며 제가 하는 엄마표 영어를 못마땅하게 생각하네요.

A 부부의 의견이 맞지 않는 경우는 많지만 아이에 관해서는 서로 양보하기가 참 쉽지 않습니다. 반대로 아빠가 더 적극적이고 엄마가 그런 아빠를 극성으로 보는 경우도 있고요. 영어를 언제부터 어떻게 할지 의견이 차이 나더라도 사실은 누구의 의견을 따라가도 크게 문제될 건 없답니다. 그래도 의견을 관철하고 싶다면 근거를 제시해주는 편이 좋겠지요. 옆집은 벌써 하고 있는데, 요즘은 다 이렇게 하는데, 이 정도도 안 하고 어떻게 하려고, 당신은 뭘 몰라 등 감정에 대한 호소나 비난은 도움이 되지 않아요. 잘하고 있는 모습, 아이가 웃고, 영어로 말하고, 엄마와 잘 지내는 모습을 보여준다면 남편도 믿음을 가지지 않을까요? 비용 때문에 반대한다면 줄이는 방법을 찾아보고, 영어 때문에 가사에 충실하지 않아서 그런 거라면 시간을 조절하고 남편에게 관심을 더 주면서 내 편으로 만

들어야 합니다. '가사에 충실하지 않다'에는 '남편인 나에게 소홀하다'라는 서운함이 깔려 있기도 하더라고요. 여기서 정말 중요한 것은 아이가 '나 때문에, 내 영어 때문에 엄마 아빠가 싸워'라고 생각하면 안 된다는 거예요. 조금씩 양보한다고 해서 교육에 큰일이 나지는 않으니 아이 앞에서 서로의 의견을 주장하며 얼굴 붉히는 일이 없도록 조심해야겠습니다. 그래도 계속 싸운다면 남편의 뜻을 따라가세요.

Q 워킹맘도 엄마표 영어를 할 수 있을까요?

A 제가 간호사 출신이다 보니 간호사분들이 종종 반가워하세요. 3교대를 하면서 엄마표 영어를 하는 분들이지요. 어떤 분들은 출퇴근 시간을 이용해 엄마표 영어 유튜브 강의를 듣기도 하고, 아이와 떨어져 있는 시간 동안 계획을 세우기도 합니다. 물론 가족들의 협력과 배려가 없으면 가사와 일, 육아를 모두 병행하는 게 불가능해요. 그렇기 때문에 워킹맘은 가정 내의 질서를 바로잡는 것이 무엇보다 우선이에요. 아이 역시 자기 주도 학습보다 자기 주도 생활을 가르쳐야 합니다. 이때 가장 중요한 건 '엄마와의 신뢰 쌓기'예요. 엄마가 집에 없을 때도 할 일을 하게 하려면 믿음을 주고 싶은 엄마, 믿어주는 엄마가 되어야겠지요.

일과 엄마표 영어를 모두 부여잡고 끙끙대지 마세요. 가사에 도움을 받거나 남편과 분담하거나 적절한 사교육을 이용하는 방법 모두 괜찮습니다. 사교육을 시키더라도 어디에 보낼지 결정하고, 어떻게 진행되는지 알고, 가정에서 무엇을 협력해야 할지 챙기는 것 역시 엄마표라고 할 수 있어요. 전업맘과 비교하지 말고 총감독이 되세요. 퇴근 후에 만나면 더욱 반갑고 애정이 샘솟아요. 미안한 마음에 책을 더욱 정성들여 읽어줄 수 있습니다. 아이 스스로 잘한 게 있다면 아낌없이 칭찬하면서 아이의 자존감도 높여주세요. 양보다 질인 워킹맘 엄마표 영어, 충분히 잘할 수 있습니다.

Q 아이가 둘인데 어차피 둘 다 초보라 같이 앉혀놓고 영어책을 읽어주고 있어요. 이렇게 해도 될까요?

A 둘 다 초보라 해도 진행 속도가 다르고 취향도 다르잖아요. 같이 진행하면 둘 중 하나는 자기를 위한 시간이 아니라고 생각합니다. 어떤 책을 큰아이만 좋아하고 작은아이는 싫어할 수도 있고요. 자기 시간이 아니라고 생각하면 딴짓이 하고 싶고 집중하기 어렵지요. 특히 큰아이는 더 빠르게 성장할 수 있는데도 불구하고 동생에게 속도를 맞추어야 할 수도 있어요. 비슷한 수준이라 할지라도, 연년생이나 심지어 쌍둥이라 할지라도, 따로따로 엄마와의 일대일 시간, 애착의 시간을 가졌으면 합니다.

02 | 읽기

Q 한글을 아직 떼지 못했는데 한글을 먼저 떼고 영어 읽기를 가르쳐 야 할지, 한글과 영어를 동시에 진행해도 되는지 궁금합니다.

A 한글을 먼저 해도 되고 동시에 해도 됩니다. 저는 한글을 먼저 했어요. 한글과 영어 읽기를 동시에 진행하면 엄마가 힘들기 때문이에요. 한글 읽기를 먼저 하면 엄마는 한글 떼기에 에너지를 집중할 수 있겠지요. 영어는 읽어만 주고요. 그러다 아이가 한글책을 스스로 읽기 시작하면 그때부터 영어 읽기 연습을 시키는 겁니다. 이때는 영어 읽기에만 엄마의 에너지가 집중되겠지요. 한글을 먼저 읽게 되면 글자와 소리의 관계를 알기 때문에 영어를 읽을 때 더 수월해집니다. 물론 함께해도 괜찮습니다. 정답은 없어요. 이렇게 하면 아이가 편한가? 엄마인 내가 편한가? 꼭 필요한가? 지금이어야만 하는가? 안 될 건 또 뭐 있나? 등 스스로에게 질문을 던져보세요.

Q 엄마 발음이 이상하다며 놀리네요. 부끄럽기도 하고 제 발음을 따라 할까 봐 걱정이 되기도 해요. 이런 경우 제가 읽어주면 안 되겠지요?

A 엄마의 어색한 발음을 잡아내는 것을 보니 아이의 듣기가 자리를 잘 잡았네요. "엄마도 잘하고 싶고 노력하고 있어. 너처럼 어릴 때부터 영어를 들었더라면 더 잘했을 텐데, 네가 참 부럽다. 엄마 발음이 좀 이상하더라도 읽어주고 싶은데… 괜찮지? 엄마도 계속 읽다 보면 점점 나아지지 않을까?" 하며 엄마의 마음과 노력을 들려주세요. "엄마 발음이 틀린 걸 눈치채다니 그동안 DVD 잘 들었나 보네"라고 칭찬도 해주고요. 아이도 엄마의 단점을 지적해 괴롭히고 싶은 마음에서 하는 말은 아니니까요. 그리고 영어를 듣는 통로가 오로지 엄마뿐이라면 엄마 발음이 아이 발음에 영향을 주겠지만 오디오북, DVD 등 원어민 소리를 많이 듣는다면 전혀 걱정하지 않아도 됩니다. 엄마가 영어책을 읽어주는 건 '내 발음을 따라 해라'가 아니라 '영어책은 참 재미있구나'를 알려주기 위함이니까요.

Q 책을 5권 읽자고 가져와서는 2권밖에 안 읽었는데 그만 읽자고 하네요. 버릇이 될까 봐 다 읽어야 한다고 했는데 아이가 짜증을 내요.

A 유아는 자기가 얼마나 읽을지 그 양을 정확히 몰라요. 책을 고를 때는 읽을 수 있다고 생각해도 막상 그 시간이 되면 길게 느껴질 수도 있지요. "무엇부터 읽을까?" 순서를 정해 한 권씩 다 읽을 때마다 반응을 보세요. 아이가 지겨워한다면 엄마가 먼저 "오늘은 그만 읽을까?"라고 하는 것도 좋아요. 내 마음을 읽어주는 엄마가 최고거든요.

Q 영어를 잘 모르는 아이에게 글이 많은 책을 읽어주어도 될까요?

A 글을 모르는 아이에게 영어책을 읽어주면 아이는 그림만 봅니다. 그리고 엄마의 목소리를 통해서 내용을 듣지요. 어차피 아이가 글을 보는 게 아니기 때문에 글의 양과는 상관없이 아이가 이해할 만한 선에서 읽어주면 됩니다. 내용의 수준이 높아 아이의 배경지식이 문제되지 않는다면 조금 긴 영어책을 읽어주어도 괜찮고요. 어려운지 어렵지 않은지는 아이가 들으면 알아요. "이건 어려워. 안 듣고 싶어"라고 할 겁니다. 글이 많아도 그냥 듣고 있다면 계속 읽어주세요. 무엇부터 읽어주나 걱정할 시간에 일단 뭐든 읽어주는 게 더 낫더라고요.

Q 영어 말고 우리말로 읽어달라고 해요.

A 처음에 길을 잘못 들이면 내내 우리말로 읽어달라고 할 가능성이 있습니다. 엄마가 번역할 수 있다는 걸 알면 굳이 영어로 듣고 싶지 않을 테니까요. 이때 아이가 우리말로 읽어달라는 말의 의미를 곰곰이 생각해보세요. 이해를 못하니까 그런 거잖아요. 한글책과는 달리 딱딱하게 영어 문장만 읽고 넘어가니 재미도 없고 화도 나겠지요. 그러니 책에 나온 문장을 영어로 읽어주되, 앞뒤 상황이나 그림은 우리말로 설명해서 이해를 도와주세요.

Q 글을 읽지 못하는데 자기가 읽겠다고 고집을 부려요.

A 일단 아이가 적극적인 성격이니 참 좋은 겁니다. 읽지 않으려고 해서 고민인 엄마도 많으니까요. 그러나 읽지 못하는데 읽겠다고 고집을 부리고, 또 잘 안 된다고 짜증을 낸다면 굉장히 난감하겠지요. "네가 혼자 읽고 싶은 책은 뭐야? 엄마가 읽어줄 책은 뭐지?" 하고 혼자 읽고 싶은 책과 엄마가 읽어줄 책을 처음부터 나누세요. 전부 다 혼자 읽겠다고 하면 그건 곤란하다고 선을 확실히 그어야 합니다. 엄마가 밥을 안 주면 나쁜 엄마인 것처럼 네가 충분히 책을 잘 읽을 때까지는 책을 읽어주어야 좋은 엄마라고, 나쁜 엄마가 되고 싶지 않으니 엄마가 책을 읽어주고 싶다고 말이지요. 물론

혼자 낑낑대며 읽을 기회도 충분히 주세요. 조금 엉터리로 읽어도 "거 봐, 다 틀리잖아"라고 하지 말고 틀려도 괜찮으니 좋은 시도라고 엄마가 긍정적으로 생각했으면 합니다.

Q 영어책을 읽어주면 "재미가 없어"라고 해요.

A 아이에게 영어책을 읽어주는데, 혹은 영어책을 권했는데 "재미가 없어"라고 할 때가 있어요. 아직 어리고 어휘력이 부족한 나머지 자기 마음을 적절하게 표현하지 못해 "재미가 없어"라고 하는 건지도 모릅니다. 실제로 "재미가 없어"는 다양하게 해석할 수 있어요.

① 엄마가 너무 재미없게 읽어
'영어'를 지나치게 의식한 나머지 딱딱하게 읽어주면 아이가 싫어합니다. 한글책은 재미있게 읽어주면서 영어책은 영어로만 읽어주려다 보니 부연 설명도 없고 웃음 포인트도 놓치고 얼른 읽고 덮자는 식이지요. 엄마가 재미를 못 느끼면 아이 역시 재미를 느끼기 어렵답니다. 한글책을 읽듯 목소리도 변조하고, 우리말로 그림도 설명하고, 대화도 하면서 읽어주세요.

② 책이 너무 시시해
영어 수준이 낮으면 큰 아이에게도 유아책을 권하게 되지요. 그러면 아이는 재미가 없어요. 한글책의 읽기 수준이 높을수록 더욱 힘들어해요. 이런 아이들은 글의 양이 적더라도 내용이 시시하지 않은 책을 찾아주어야 합니다.

③ 내용이 너무 어려워

아이들은 이해하기 어려울 때 재미가 없다고 합니다. 예를 들어 과학에 흥미가 없는 아이에게 과학 관련 책을 읽어주면 고개를 돌리겠지요. 어려운 내용은 나중에 공부하면 됩니다. 일단은 쉽고 이해 가능하고 흥미 있어 하는 책을 읽어주세요.

④ 놀고 싶어

놀고 싶은데 솔직하게 말했다가는 좋은 소리를 듣지 못할 것 같고, 책 앞에 앉아 있기는 하지만 마음이 콩밭에 가 있는 경우, 평소 재미있게 읽던 책인데도 아이는 재미가 없다고 말하기도 해요. 놀고 싶다는 뜻이지요. 이럴 때 엄마가 먼저 "1시간만 놀다가 읽을까?"라고 하면 아이는 정말 1시간 뒤에 다시 재미나게 읽기도 합니다.

⑤ 졸려

너무 피곤하고 졸려는 엄마가 책을 읽으라고 하면 대는 핑계예요. "졸려"라고 솔직하게 말할 수 없을 만큼 강압적인 엄마는 아니었는지 반성해봅니다.

⑥ 그림이 없어

그림이 사라지고 글의 양이 많아지면서 아이는 그림으로 이해하던 내용을 오로지 머릿속에서만 상상해야 합니다. 당연히 어려울 수밖에요. 우리말로 충분히 부연 설명을 해주거나 종이를 옆에 놓고 그림을 그려가며 읽어주세요.

⑦ 공부하기 싫어

그냥 책을 읽고 싶은데 엄마가 단어를 외우게 하거나, 자꾸 확인하거나, 학습적으로 몰아붙이면 아이는 읽기가 싫어지지요. "아까 말해줬잖아!", "이거 또 몰라?" 이러면 재미가 없겠지요?

Q 책을 읽긴 읽는데 내용을 알고 읽는 걸까요? 매번 물어볼 수도 없고 궁금한데 확인할 수가 없네요.

A 아이의 상황에 따라 확인해보세요.

• 이제 막 읽기 시작한 경우

"내용을 알고 읽는 걸까요?"는 틀린 질문이에요. 이미 여러 번 읽어주어 내용을 알고 있는 책을 읽으라고 해야 합니다.

• **읽기 독립이 된 경우**

"내용을 알고 읽는 걸까요?"라는 질문은 의미가 없어요. 내용을 모르면 아이가 읽지 않습니다. 무슨 소리인지 모르는데 뭣하러 읽겠어요. 단, 엄마가 무조건 읽어야 한다고 밀어붙이는 경우라면 내용을 몰라도 읽습니다. 그러므로 내용을 알고 읽는지 궁금해하기보다는 어떤 책을 읽고 싶은지 선택의 자유를 주세요. 그리고 단어와 표현을 모조리 찾아가며 읽을 필요도 없습니다.

Q "오늘만 안 읽으면 안 돼요?"라고 하면 마음이 흔들려요.

A 무엇이든 매일 한다는 건 정말 쉬운 일이 아니에요. 하루를 건너뛴다고 하늘이 무너지는 것도 아니고, 엄마도 귀찮은 마음이 살짝 올라올 때 아이가 저렇게 말하면 "그럴까…?" 하며 넘어갈 수 있지요. 아이의 습관을 잡아주려면 엄마의 의지가 필요해요. 확실하게 습관이 잡히기 전까지는 '내가 무너지면 애도 무너진다'라는 생각으로 버텼던 기억이 있어요. "안 읽으면 안 되고 오늘 많이 힘들면 딱 1권만 읽자. 대신 내일은 다시 힘내서 읽기!" 하면서 양을 줄여주세요. 습관이 되기까지는 개인차가 있지만 적어도 3개월 정도는 빠지지 않고 하는 게 도움이 된답니다. 물론 습관이 잡히면 "오늘 하루는 땡땡이를 좀 쳐볼까? 대신 DVD 조금 더 보기, 어때? 딱 오늘만!" 하면서 허용해주어도 괜찮지 않을까 싶어요.

Q 쌍둥이 책이나 번역본과 함께 읽으면 이해가 더 잘되지 않을까요?

A 쌍둥이 책은 아이가 아니라 엄마에게 위안을 주지 않을까 생각합니다. 아이는 어릴수록 외국어를 자연스럽게 습득하는 반면, 엄마는 정확한 뜻을 알려주고 '해석'해야 한다고 생각하다 보니 쌍둥이 책에 마음이 가는 것 같아요. 쌍둥이 책은 영어책을 좋아하지 않는 아이의 관심을 끌 수 있어요. 똑같이 생긴 책이 2권 있으니 신기하겠지요? 우리말 외에 다른 언어가 있다는 사실을 알게 하는 용도로도 효과가 있습니다. 그러나 가장 좋은 방법은 우리나라 책은 한글로, 영어권 책은 영어로 읽는 거예요. 우리나라 작가의 책은 한글로, 영어권 작가의 책은 영어로 쓰인 것이 가장 정확하고도 아름다운 표현이기 때문입니다.

『Goodnight Moon』(Margaret Wise Brown)은 라임Rhyme이 핵심인 그림책이에요. 'Kittens, Mittens / Toyhouse, Mouse'를 '고양이, 벙어리장갑 / 장난감 집, 생쥐'라고 읽으면 아무 의미가 없어요. 라임이 사라져 왜 그 책이 잔잔하게 아름다운지 전혀 이해하지 못합니다. 『Snow』(Uri Shulevitz)에서도 모자를 '쓴', 우산을 '든', 수염이 '난', 개와 '함께 있는'이 모두 with로 표현되지요. 번역본이 줄 수 없는 영어만의 묘미입니다. 가급적 영어는 영어로 읽어주되 굳이 쌍둥이 책을 선택한다면 인지(동물, 사물, 장소, 색깔 등) 영역에 해당되는 주제만 읽어주면 좋겠어요.

03 | 듣기, 말하기, 쓰기

Q 초등학생이지만 영어는 이제 시작이라 〈Caillou〉를 보여주었어요. 그랬더니 어린이집 다니는 동생은 잘 보는데 오히려 큰아이가 보지를 않네요. 그렇다고 수준 높은 걸 보여줄 수도 없고 어떻게 해야 할까요?

A 초등학생에게 까이유를 보여주면 너무 시시하잖아요. 영어를 잘 몰라도 유아용이라는 건 아이도 알아요. 이미 영어 외에 즐거운 세상을 너무 많이 알아버린 나이랍니다. 그보다는 〈Arthur〉나 〈The Magic School Bus〉, 〈Horrid Henry〉, 〈Ben 10〉 등을 시도해보는 건 어떨까요? 굳이 DVD가 아니어도 리틀팍스 동화에서 취향에 맞는 걸 찾아보는 방법도 좋고요. 큰아이와 작은아이는 따로따로 진행하고 앞서 언급한 영상을 유튜브에서 먼저 보여주면서 좋아하는 것을 찾을 수 있게 도와주세요.

Q 아이가 계속해서 한 가지 시리즈만 보네요. 다른 시리즈도 좀 보여주고 싶고, 그래야 할 것 같은데 이렇게 하나만 보는 아이도 있나요?

A 사람마다 공부하는 스타일이 다르잖아요. 한 과목만 몇 시간씩 하는 사람도 있고, 지겨워지기 전에 다른 과목으로 돌려가며 하는 사람도 있고… 반복 시청은 분명히 장점이 있습니다. 잘하는 것을 키워주는 방향이 더 도움이 될 때가 많아요. 그래도 걱정스럽다면 아이가 파고들었던 DVD와 유사한 것이 있는지 찾아보세요. 그 전에 왜 아이가 그 영상을 좋아하는지 알아야 합니다. 색감이 마음에 들어서일 수도 있고, 코믹한 내용이 좋아서일 수도 있고, 강아지에 관심이 있어서일 수도 있지요. 잘 관찰하고 대화하며 다음 DVD 선정에 참고하면 어떨까요? 권할 때도 왜 권하는지 말해주는 편이 좋겠지요.

Q 영어로만 보여주니 답답한지 자꾸 설명해달라고 하네요. 사실은 저도 잘 몰라서 어떻게 해야 할지 막막해요.

A 가능하면 영상 속 상황을 보고 대충 유추할 수 있는 수준부터 시작하는 게 좋습니다. 책이 있는 영상을 보여주는 방법도 효과적이고요. 책을 먼저 읽고 나서 영상을 보면 조금 더 이해가 되거든요.

그런데 정말 몰라서 물어볼 수도 있고, 진짜 보기 싫어서 엄마한 테 짜증을 낼 수도 있어요. 정말 몰라서 묻는 거라면 "이런 내용 같 지 않니?" 하면서 엄마의 의견을 이야기해주거나 "답답했구나. 조 금만 더 보면 이해되지 않을까?" 하며 지지해주세요. 진짜 보기 싫 어서 그러는 거라면 "조금 있다가 볼까?", "다른 걸 볼까?", "피곤하 니? 그럼 어제 본 거 다시 볼까?" 하며 불편한 마음을 부드럽게 풀 어주세요.

Q 이해가 안 된다고 해서 자막을 한번 보여주었는데 그 뒤로는 계속 자막을 보여달라고 조르네요.

A 아이가 글을 읽지 못할 때는 한글 자막이나 영어 자막을 보여주어 도 상관없겠지만 글을 읽기 시작하면서부터 자막을 원할 수도 있 어요. 본 게 있으니까요. 따라서 처음부터 자막이 있다는 사실을 모르게 하는 편이 가장 좋아요. 그러나 자막이 있음을 알고 있거나 아이의 간절한 부탁에 자막을 보여준 적이 있다면 '가정 내의 규 칙'에 대해 이야기해주어야 합니다. "우리 집에서는 영상을 볼 때 영어로만 볼 거야. 영어 영상은 영어로 보고, 우리나라 영상은 우 리말로 보는 게 엄마가 정한 규칙이야"처럼요. 친구 집은 우리말로 보는데 왜 안 되냐고 물어도 "친구 집에는 그 집의 규칙이 있겠지? 예를 들어 밤 9시에는 온 식구가 다 자야 한다거나 사탕은 절대 먹

으면 안 된다든가 하는… 우리도 우리의 규칙이 있어. DVD는 영어로 보는 게 우리 집의 규칙이야"라고 잘 설득해야 합니다. 사실 자막을 보면 영어 소리가 잘 들리지 않아요. 어른도 극장에서 자막 영화를 보고 나면 영어 대사는 하나도 기억나지 않잖아요. 아이에게 DVD를 보여주는 목적이 무엇인지 다시 한 번 상기시켜주세요.

Q 매일 책도 읽어주고 DVD도 보여주고 영어가 차고 넘칠 정도가 되었다고 생각하는데 왜 다른 아이들처럼 아웃풋이 나오지 않을까요?

A 가랑비든 소낙비든 비를 맞아야 젖고, 흠뻑 젖어야 그 옷을 짰을 때 물이 뚝뚝 떨어집니다. 하루 종일 영어에 노출시키면, 소위 인풋을 많이 하면 흠뻑 젖을까요? 대부분이 그렇다고 생각할 겁니다. 그런데 반드시 짚고 넘어가야 할 게 있어요. 아이가 우산을 쓰고 있을 가능성 말입니다. 엄마가 양동이로 물을 퍼부어도 아이가 우산을 넓게 펴서 받치면 옷은 별로 젖지 않아요. 그러니 쥐어짜도 안 나오겠지요. 많이 부어주는 것은 참 중요합니다. 그러나 그보다 먼저 우산을 거두게 해야 하지 않을까요?

그것은 바로
비를 좋아하게 만드는 것.
비를 사랑하게 만드는 것.

비를 맞으며 놀 수도 있음을 알게 하는 것.

다음 비를 기다리게 만드는 것.

그리하여 놀다 보니

촉촉하게, 축축하게, 줄줄 흘러내리게.

아웃풋은 그렇게 나오는 거니까요. 무조건 '많이'보다는 우산을 거두는 법에 대해 보다 더 고민했으면 합니다.

Q 영어로 재잘대고 놀았거든요. 그런데 어느 순간부터 영어로 말을 안 해요. 조금만 해보라고 해도 입을 꾹 다물고 있어 속상하네요.

A 영어로 말하기가 자유 의지였을 때는 마음껏 했겠지요. 그러나 그것이 '해야만 하는 것'이 되었거나 '엄마가 바라는 것'이 되었거나 아이가 '다른 사람들의 시선을 의식'하기 시작했다면 입을 다물 수도 있어요. 평소 아이가 영어로 말할 때 반갑고 기쁘더라도 큰 반응을 보이지 말고 자연스럽게 행동하는 편이 좋아요. 영어로 말하지 않더라도 강요는 금물이고요. 또한 7~8세 정도가 되면 어릴 때 하던 가상 놀이의 횟수가 줄어듭니다. 자연스러운 발달 과정이니 속상해하지 말고 화상 영어 등 여러 가지 방법으로 말할 기회를 주세요. 할 말이 생기면 말을 할 테니까요.

Q 질문을 해도 단답형으로만 대답하고 온전한 문장으로 말하지 않아요. 어떻게 고쳐주어야 할까요?

A 사실 아이들은 우리말도 문장이 아닌 단어로 답합니다. "어디 가니?"라고 물으면 "피아노요"라고 대답하지 "저는 피아노 학원에 가는 중이에요"라고 말하지 않잖아요. "뭐 좀 먹을래?"라고 했을 때 "사과"라고 대답하면 아무 말 없이 사과를 깎아주면서 "What do you want to eat?"에는 왜 "Apple"이라고 대답하면 안 되는 걸까요. 언어가 점차 발전해가는 시기니 완벽한 문장보다는 편하게 말할 수 있는 환경이 더 필요합니다. 또한 충분한 인풋이 있었는지도 생각해보아야 하고요. 영어가 편해져 자연스럽게 나올 수 있도록 책도 많이 읽어주고 DVD도 꾸준히 보여주세요. 책 내용을 물어보고 영어로 대답하게 하는 방법을 써보아도 좋고요. "What is he doing?", "Why is she crying?"처럼요.

Q 모르는 단어가 나오면 사전을 찾아도 되나요? 그리고 아이가 '떡볶이'나 '김밥' 같은 우리말을 영어로 어떻게 쓰냐고 물어보네요.

A 왜 안 되겠어요? 전자 사전을 옆에 두고 모르는 단어는 얼마든지 찾아도 됩니다. 필요한 상황에 필요한 단어를 찾는 것이니 그보다 좋은 공부가 없지요. 그러면서 스펠링도 하나하나 확인하게

되고요.

우리말에는 외래어 표기법이 있지만 저는 아이들에게 그냥 '떡볶이', '김밥'이라고 한글로 쓰게 했어요. 쓰다가 찾느라고 흐름이 자꾸 끊기니까요. 영어로 쓰더라도 '떡'은 'rice cake'이 아니라 'tteok'이었으면 해요. 그래야 우리 것을 알릴 수 있으니까요. 일단 고유 단어가 나오면 한글을 섞어가며 끝까지 쓰게 한 뒤 외래어 표기법에 따라 수정하거나 그냥 두세요. 저는 그냥 두거나 소리 나는 대로 아이가 써보는 방향을 추천합니다.

KI신서 8326

기적의 엄마표 영어

1판 1쇄 인쇄 2019년 8월 19일
1판 1쇄 발행 2019년 9월 9일

지은이 이지영
펴낸이 김영곤 박선영
펴낸곳 (주)북이십일 21세기북스

콘텐츠개발2본부4팀장 최유진
책임편집 최유진 **디자인** 강수진
마케팅1팀 왕인정 나은경 김보희 한경화 정유진 박화인
출판영업팀 한충희 김수현 최명열 윤승환
홍보기획팀 이혜연 최수아 박혜림 문소라 전효은 염진아 김선아 양다솔
해외기획팀 임세은 이윤경 장수연 **제작팀** 이영민 권경민

출판등록 2000년 5월 6일 제406-2003-061호
주소 (10881) 경기도 파주시 회동길 201(문발동)
대표전화 031-955-2100 **팩스** 031-955-2151 **이메일** book21@book21.co.kr

(주)북이십일 경계를 허무는 콘텐츠 리더

21세기북스 채널에서 도서 정보와 다양한 영상자료, 이벤트를 만나세요!

페이스북 facebook.com/jiinpill21 **포스트** post.naver.com/21c_editors
인스타그램 instagram.com/jiinpill21 **홈페이지** www.book21.com
유튜브 youtube.com/book21pub
서울대 가지 않아도 들을 수 있는 명강의! 〈서가명강〉
네이버 오디오클립, 팟빵, 팟캐스트에서 '서가명강'을 검색해보세요!

ⓒ 이지영, 2019
ISBN 978-89-509-8282-9 13590

아이와 함께 차근차근 성장하는

기적의
엄마표 영어
실천 노트

• 이지영(빨강머리앤) 지음 •

21세기북스

'기적의 엄마표 영어 실천 노트'는 무엇인가요?

『기적의 엄마표 영어』별책 부록인 '기적의 엄마표 영어 실천 노트'는 엄마가 가정에서 아이와 함께 엄마표 영어를 진행하면서 기록할 수 있도록 구성했습니다. 본책을 읽고 별책에 쓰면서 실천하다 보면 어느새 아이는 물론 엄마까지 영어와 보다 가까워질 것입니다.

차례

● 엄마가 바라는 아이의 미래 모습   4

● 영어를 해야 하는 이유   5

● 우리 아이 영어 타임라인   6

● 66일 좋은 습관 프로젝트   8

● 도서 구매록   16

● 엄마표 영어 참고 사이트   32

● 엄마 영어의 목표와 계획   34

● 엄마가 읽고 싶은 책   36

● 엄마가 보고 싶은 영상   38

엄마가 바라는 아이의 미래 모습

내 아이가 어떤 사람으로 자랐으면 하나요? (본책 37쪽)

책 읽는, 봉사하는, 부모와 대화하는, 겸손한, 좋아하는 일을 하는, 원서를 읽는, 자신을 사랑하는… 엄마로서 내가 바라는 아이의 미래 모습을 적어 보세요.

영어를 해야 하는 이유

왜 영어를 해야 할까요? 그 이유도 함께 적어보세요. (본책 180쪽)

"

"

우리 아이 영어 타임라인

우리 아이 영어 타임라인을 작성해보세요. (본책 39쪽)

▶ **우리 아이 영어 타임라인 - 예시**

8세	9세	10세
• 스스로 읽기 • 집중 듣기 시작하기	• 리더스 5단계 읽기 • 요약해서 말하기	• 베껴 쓰기 • 초기 챕터북 시작하기

11세	12세	13세
• 요약해서 쓰기 • 챕터북 시작하기	• 화상 영어 하기	• 문법 공부하기

▶ 우리 아이 영어 타임라인

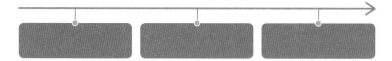

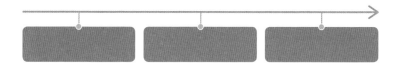

66일 좋은 습관 프로젝트

66일간의 기록을 통해 좋은 습관을 만들어보세요. (본책 47쪽)

▶ 시작일 _____ ▶ 목표 _____

1	2	3	4	5	6	7	8	9	10	11

12	13	14	15	16	17	18	19	20	21	22

23	24	25	26	27	28	29	30	31	32	33

34	35	36	37	38	39	40	41	42	43	44

45	46	47	48	49	50	51	52	53	54	55

56	57	58	59	60	61	62	63	64	65	66

▶ 시작일 _____

▶ 목표 _____

1	2	3	4	5	6	7	8	9	10	11

12	13	14	15	16	17	18	19	20	21	22

23	24	25	26	27	28	29	30	31	32	33

34	35	36	37	38	39	40	41	42	43	44

45	46	47	48	49	50	51	52	53	54	55

56	57	58	59	60	61	62	63	64	65	66

▶ 시작일 _____

▶ 목표 _____

1	2	3	4	5	6	7	8	9	10	11

12	13	14	15	16	17	18	19	20	21	22

23	24	25	26	27	28	29	30	31	32	33

34	35	36	37	38	39	40	41	42	43	44

45	46	47	48	49	50	51	52	53	54	55

56	57	58	59	60	61	62	63	64	65	66

▶ 시작일 _____

▶ 목표 _____

1	2	3	4	5	6	7	8	9	10	11

12	13	14	15	16	17	18	19	20	21	22

23	24	25	26	27	28	29	30	31	32	33

34	35	36	37	38	39	40	41	42	43	44

45	46	47	48	49	50	51	52	53	54	55

56	57	58	59	60	61	62	63	64	65	66

▶ 시작일 _____

▶ 목표 _____

1	2	3	4	5	6	7	8	9	10	11

12	13	14	15	16	17	18	19	20	21	22

23	24	25	26	27	28	29	30	31	32	33

34	35	36	37	38	39	40	41	42	43	44

45	46	47	48	49	50	51	52	53	54	55

56	57	58	59	60	61	62	63	64	65	66

▶ 시작일 _____

▶ 목표 _____

1	2	3	4	5	6	7	8	9	10	11

12	13	14	15	16	17	18	19	20	21	22

23	24	25	26	27	28	29	30	31	32	33

34	35	36	37	38	39	40	41	42	43	44

45	46	47	48	49	50	51	52	53	54	55

56	57	58	59	60	61	62	63	64	65	66

▶ 시작일 _____

▶ 목표 _____

1	2	3	4	5	6	7	8	9	10	11

12	13	14	15	16	17	18	19	20	21	22

23	24	25	26	27	28	29	30	31	32	33

34	35	36	37	38	39	40	41	42	43	44

45	46	47	48	49	50	51	52	53	54	55

56	57	58	59	60	61	62	63	64	65	66

▶ 시작일 _____

▶ 목표 _____

1	2	3	4	5	6	7	8	9	10	11

12	13	14	15	16	17	18	19	20	21	22

23	24	25	26	27	28	29	30	31	32	33

34	35	36	37	38	39	40	41	42	43	44

45	46	47	48	49	50	51	52	53	54	55

56	57	58	59	60	61	62	63	64	65	66

도서 구매록

도서 구매록을 작성해보세요. (본책 50쪽)

▶ 도서 구매록 - 예시

① 중요도	② 제목	③ 가격	④ 비고	⑤ 구입	⑥ 확인
★★★	Henry and Mudge	중고 26권 40,000원		중고	
★★	Harold and the Purple Crayon	7,600원		도서관	
★★★	Curious George	28권 76,600원	DVD 있음	중고	
★★★	ORT	6권 32,000원		중고	2,3권 구입
★	Little Critter	34권 90,000원	호불호 갈려 보여주고 결정	일단 대여	

① **중요도**: 꼭 읽히고 싶은 책은 표시해서 해당 시기에 놓치지 않도록 합니다.
② **제목**: 원하는 책의 제목을 적습니다.
③ **가격**: 단행본일 경우는 큰 부담이 없지만 시리즈는 목돈이 들어갑니다. 가격대를 알고 있어야 균형 잡힌 지출을 할 수 있습니다.
④ **비고**: 책에 대한 정보를 적습니다.
⑤ **구입**: 소장할지, 도서관에 신청할지, 중고로 살지 생각해봅니다. 소장은 부담스럽지만 꼭 보여주고 싶다면 도서관에 신청해보세요. 소장 가치가 적다면 중고로 구입하고, 다년간에 걸쳐 꾸준히 볼 수 있거나 아이의 애착이 강한 책은 구입을 권합니다.
⑥ **확인**: 실행 여부를 표시합니다.

▶ 도서 구매록 – AR 1점대

중요도	제목	가격	비고	구입	확인

▶ 도서 구매록 - AR 1점대

중요도	제목	가격	비고	구입	확인

▶ 도서 구매록 - AR 1점대

중요도	제목	가격	비고	구입	확인

▶ 도서 구매록 - AR 2점대

중요도	제목	가격	비고	구입	확인

▶ 도서 구매록 – AR 2점대

중요도	제목	가격	비고	구입	확인

▶ 도서 구매록 - AR 2점대

중요도	제목	가격	비고	구입	확인

▶ 도서 구매록 - AR 3점대

중요도	제목	가격	비고	구입	확인

▶ 도서 구매록 - AR 3점대

중요도	제목	가격	비고	구입	확인

▶ 도서 구매록 - AR 3점대

중요도	제목	가격	비고	구입	확인

▶ 도서 구매록 - AR 4점대

중요도	제목	가격	비고	구입	확인

▶ 도서 구매록 – AR 4점대

중요도	제목	가격	비고	구입	확인

▶ 도서 구매록 - AR 5점대

중요도	제목	가격	비고	구입	확인

▶ 도서 구매록 - AR 5점대

중요도	제목	가격	비고	구입	확인

▶ 도서 구매록 - AR 6점대

중요도	제목	가격	비고	구입	확인

▶ 도서 구매록 - AR 6점대

중요도	제목	가격	비고	구입	확인

엄마표 영어 참고 사이트

엄마표 영어에 도움이 되는 곳을 찾아서 정리해보세요. (본책 55쪽)

엄마 영어의 목표와 계획

엄마이기 전에 '나'의 목표와 계획은 무엇인지 기록해보세요. (본책 57쪽)

▶ **엄마의 목표와 계획 - 예시**

나이	무엇을	어떻게
35세	• 영어 회화 연습하기 • 원서 읽기(아이 책)	• 세젤놀(세상에서 제일 쉬운 엄마표 영어놀이) 외우기
38세	• 문법 공부하기 • 원서 읽기(AR 3점대)	• 인터넷 강의 완강 하기
40세	• 원어민 회화하기 • 원서 읽기(AR 4점대)	• 그룹 과외 또는 화상 영어 하기
45세	• 혼자 해외여행 하기 • 원서 읽기(AR 5점대)	• 영국 가기
50세	• 영어로 봉사하기	• 후원 아동 번역 봉사하기

▶ 나의 목표와 계획

나이	무엇을	어떻게

엄마가 읽고 싶은 책

읽고 싶은 책을 기록해두었다가 한 권씩 완독해보세요. (본책 163쪽)

엄마가 보고 싶은 영상

취향을 저격한 드라마나 영화는 무엇인가요? 기록해두었다가 틈틈이 보세요. (본책 169쪽)